ヨーロッパ・バイオマス産業リポート

西川力［著］

なぜオーストリアは森でエネルギー自給できるのか

築地書館

はじめに

オーストリアでは朽木村で夢見たバイオマス利用が現実になっていた

滋賀県朽木村商工会（当時）のバイオマス調査プロジェクトは二〇〇二年に行われた。商工会の中尾さんから委員として参加の依頼があり、喜んで引き受けた。私の事務所がドイツにあるので、主に海外の情報を集めてほしいということだった。朽木村《くつき》（現高島市）は琵琶湖の西側に位置し、その面積の九〇％以上が山林である。木が朽ちるほど豊富にあることからこの地域に朽木という名前がついたらしい。古くは奈良の大仏殿の造営にも、ここ朽木の木が使われたといわれている。

このバイオマス調査プロジェクトでは、地域資源である木を活用して熱エネルギーとして利用する可能性を探る調査があった。資源量や活用事例の調査、ペレットの製造やボイラー工場の見学、専門部会での勉強会などを行った。私は乾燥機、ペレット製造機、バイオマスボイラーの海外の機器や事例の資料を集める担当になった。半年ぐらいの調査でバイオマス利用の方向性や費用の試算をまとめた報告書が出来上がった。資源活用の提案の一部は実現したが、熱エネルギーの利用は実現には至らなかった。しかし、これが私のバイオマスとの最初の出会いになった。

それから一〇年以上がたち、東京の会社とオーストリアのバイオマスの設備製造会社との契約交渉の通訳を引き受けることになった。その設備製造会社を訪問するためにオーストリアへ行って驚いたのは、一〇年前に朽木村商工会の調査プロジェクトで私たちが夢見たバイオマスの熱エネルギー利用が、オーストリアでは広く普及していたことである。

一般住宅ではバイオマスボイラーはあたりまえの選択肢であり、地域では里山の残材を利用した地域熱供給が普及している。統計を見ると、二〇〇〇年からのペレットの生産量は一〇倍に増えている。オーストリアの省エネメッセには八〇〇社もの出展があり、最新鋭のバイオマスボイラーが何百台とならぶし、ボイラーだけでなく搬送機、乾燥機、貯湯タンク、制御装置などの関連機器も一日では見きれないほど数多く展示される。一〇年の間に、オーストリアには世界をリードするバイオマス産業が形成されていた。

オーストリアでは、どのようにバイオマス産業が育ったのか

一方、日本ではもう数十年もバイオマスの利用はあまり進んでいない。環境やエコロジーへの関心が高まり、バイオマスのエネルギー利用の話は出るが、実際の普及が停滞している。エネルギー利用の統計においても増加は見られない。オーストリアでは木質バイオマスによるエネルギー供給が全エネルギーの一四％を占めるほどに拡大しているが、日本では一％前後にとどまっている。

当時の朽木村でバイオマスが地域資源として見直されたように、日本各地で森林や里山の木質資源の活用が検討されたに違いないが、オーストリアのように普及することはなく、一大産業が形成されることもなかった。

この一〇年間に生じた両国の差はあまりにも大きい。一体、何が違ったのだろうか。素朴な疑問だった。オーストリアではふんだんに補助金が出るのだろうか。あるいは、国や自治体がバイオマスを普及させる特別な政策を行っているのだろうか。

調べてみると、補助金や政策が追い風になっているのは確かである。しかし、最初からそのような施策があったわけではなく、制度や補助金は日本にも数多くあるのだから、オ

ーストリアでバイオマス産業の興隆をもたらした推進力は、もっとほかのところにありそうだった。日本でバイオマスの普及が停滞している間に、なぜオーストリアで飛躍的に拡大したのかはっきりわからなかった。

その後、仕事や翻訳の調査のためにバイオマスに携わる多くの人と会うこととなった。森の残材を整理する人、移動チッパーを引いて各地で木を破砕する人、乾燥チップをつくる人、エネルギー林の栽培をする人、バイオマスボイラーを売る人、設備工事をする人など、さまざまな職種の人たちだった。会った人たちは職種に関係なく、バイオマスエネルギーを支える小さな部分を担っていることに自負があった。バイオマス産業は新しい産業である。みんながその先駆者として誇りを持っていた。

新しい産業の先駆者としての誇り

小さな家族経営の会社で設備投資をするのは大きな決断である。ましてそれが隣近所の誰もまだ知らないような新しい産業分野であればなおさらである。少し規模の大きな会社でも同じである。新規事業は冒険であり、成功させるには思い入れがなければ難しい。私が会った人々は、バイオマスという新しいエネルギーに惹かれ、それに資金と時間を投入した人たちである。成功していることに誇りがあるのは当然である。

余談ではあるが、「一番」が好きなのは日本人だけではないようである。オーストリアやドイツの人たちも「一番」が好きだった。「乾燥チップの販売は私がこの地域で一番に始めました」「設備のサービスコンテストで一番になりました」「一番大きな会社にチップを納めています」などと、話の中に「一番」がよく出てくる。

これは個人だけではなく州でも同じであった。バイオマスの普及率について、「アッパーオーストリア州が一番です」と最初に聞いたのでずっとそう信じていたが、その隣のフォアアールベルク州に行った時にも、「わが州が一番です」という話があり、どちらが本当なのかと思った。ところが南部のシュタイアーマルク州に行ってもまた、「わが州が一番です」と言う。結局どこが一番なのかはいまだにわからないが、地域や州でのバイオマスの広がりに対する喜びや先駆者としての気概の表れだろう。

訪問した人々には共通することがあった。それは、バイオマスの仕事が次の若い世代に受け継がれていることである。アイブルさん（1章）、ビューラーさん（2章）、フマーさん（10章）やそのほか訪問したところは、役所や大企業を除くと、どこも親子二世代で仕事をしている。そこに後継者問題はなく、若い世代が積極的に働き、父親の仕事や事業を息子や娘らが彼らなりの新しい感覚で引き継いでいる。

バイオマス産業の現場の人々のリアルな姿を伝えたい

二〇一三年の夏に、築地書館の土井さんよりオーストリアやドイツでのバイオマスのエネルギー利用について実践的な事例を書きませんかとお話をいただいた。どのようにまとめたらいいか思案しながら、今までに取材した多くの事例を振り返ってみると、印象に残っているのは見学した施設よりも、その時に説明や話をしてくれた現場の人だった。この事例集はそうした、地に足をつけた人を中心にして書いてみようと思った。だから、この本に登場するのはすべて直接に会って話を聞いた人たちである。内容が単なる訪問記にならず多少は資料としても役に立つように数字は正確にし、引用した資料はできるだけ新しいものを集めた。

理論よりもバイオマスエネルギーの最も末端でバイオマスに毎日触れて生活している人々のリアルな姿が見え、声が聞こえるように具体的に書いた。バイオマスの先進的な事例をつくりだしているのは等身大の人々である。化石燃料や原子力からバイオマスエネルギーへの転換は遠大な計画ではなく、もっと身近なものであるはずだ。

オーストリアのバイオマス産業を支える最前線の人々の、生の姿が本書を通じて伝わることを願っている。

西川力

目次

1章

地域に根ざした家族経営林業家

アイブル・チップ製造販売

訪ねるのは林業家の親子である。アポイントメントの場所はオーストリアのザルツブルクの東一〇〇kmの山の中、時刻は一四時である。車で向かうことにした。町を抜けると道路は徐々に登り坂になってきた。山の中がアポイントの場所になるのは初めてである。一一月の末だったから、樹木の葉も落ちて周りの山がよく見えた。気持ちのいいドライブだった。道が徐々に細くなってきた。道路には簡単なアスファルト舗装がしてあった。トラックも十分に走れる道である。道幅が狭いのですれ違いはできず、ところどころにある離合スペースで待機しなければならない。しかし、途中にすれ違う人も車もなかった。待ち合わせの場所がわかるかどうか不安だった。しばらく走ると、見晴らしのいいところにト

図１　アイブル・チップ製造販売の山の作業所。11月の末に山の作業所を訪ねた。チップを保管する建物は南向きの日当りのいい場所に建てられている。

図２　作業所の前方には牧草地が広がり、遠くには雪をかぶる山並みが見える。このあたりにはスキー場も多い。

ラクターと残材が積んであるのが見えてきた。倉庫のような建物があり、チップが入っていた。看板はないが、ここに間違いなさそうである。誰もいなかったが約束の時間なので待つことにした。

そこは標高八〇〇mぐらいの山の斜面にある。日当たりのいい少し平らになっているところを利用している。前方は牧草地が広がり、遠くには雪をかぶる山並みが見えた。きれいな眺めだった。週末なら、山歩きの人たちがきっとここで立ち止まるだろう。自転車が盛んなヨーロッパのことだ。この山越えコースを自転車でやってくる愛好家の格好の休憩場所になりそうである。

遠くからガタガタブーブーと、大きな音が聞こえてきた。どうやら親子がやってきたようだ。後ろに大きなコンテナを引いているトレーラーの運転席のドアが開いて、若い青年が降りてきた。息子さんだろう。「遅くなってすみません。チップを積み込んでいました」と言いながら、早速そのコンテナの説明をしてくれた。コンテナは箱型で上に天井はない。天井はないほうが積みやすいそうである。チップを積む時は破砕機の吐出口から直接コンテナに落とし込むか、フロントローダーで上から落とし入れる。荷降ろしはどうするのかと思ったら、まさにそれが息子さんの説明したいことだったようだ。チップは、と

図３　息子さんが乗ってきたトレーラー。箱型のコンテナで上に天井はない。天井はないほうが積み込みやすいそうである。コンテナの側面にアイブル・チップ製造販売の看板が貼りつけてある。

図４　チップを降ろしているところ。チップはところてんのように押し出されてコンテナの後ろから出てくる仕組みになっている。

図５　アイブル・チップ製造販売の看板。看板を見ると、チップの製造と販売以外に森の残材の整理と冬季の除雪もやっている。

ころてんのように押し出されてコンテナの後ろから出てくる仕組みだった。運転席の後ろにあたるコンテナの一番前に大きなプレス板があり、スイッチを入れるとそのプレス板が動きだして積んであるチップを後ろに押し出す装置となっている。押されたチップは扉の上がったコンテナの後ろから出てくる。実際にその降ろすところを見ることができた。便利な装置である。ダンプカーだと荷台が斜めに上がるから、天井や軒の低いところでは荷降ろしができない。その点、この押し出し機のあるコンテナなら高さを変えずにチップを出すことができる。さすがバイオマスの流通が発達した国だと感心した。

　また、ガタガタと車の音がした。今度はお父さんが乗ったトラクターが森の中から現れた。お父さんはトラクターから降りて握手をしてくれた。大きな手でこちらの手が握りつぶされそうだった。力を込めた握手は歓迎のしるしらしい。お父さんは息子さんと少し言葉を交わしただけで、すぐにまた森の中に戻っていった。森で木を整理しているらしい。親子でやっているが二人とも大忙しである。話している最中にも息子さんの携帯電話が鳴った。ポケットから取り出して「ちょっと、失礼します」と言って携帯電話を耳に当てた。しばらく話して、「わかりました。今日の四時ごろに行きます」と相手に言っている。これからまだチップの納品に行くそうである。冬の山は暮れるのが早い。親子に聞きたいことはいろいろあるが、仕事の邪魔をしてはいけないから手短に質問してなるべく早くお暇《いとま》することにした。

　まず、どんな仕事なのか説明してもらった。仕事は森の間伐材や残材を集めることから始まる。その中で製材やパルプの材料として売れるものはすべて販売し、残ったものを破砕して乾燥してからチップとして販売している。所有している主な設備は、移動式の八〇㎥／ｈの破砕機、三五㎥のコンテナとトレーラー、トラクター、乾燥・保管倉庫である。

図6　整理してあるチップ。引き取ったチップには枝葉の混ざったものもあれば、エネルギー量の多い広葉樹もある。親子はそれらを別々に保管して低質のチップは安く、広葉樹のチップは高く販売している。

図7　材料として販売する木。間伐材や残材をすべてチップにしてエネルギーにするのではない。合板の材料やパルプ原木として用いることができるものはその用途に販売する。

原料になる木は自ら所有する森、森林整備の委託を受けている国有林、近隣の山から出る間伐材や残材である。間伐材や残材をすべてチップにするわけではない。合板の材料やパルプ原木として用いることができるものはその用途に販売する。それらの用途としては使うことのできない残ったものをチップにする。原料になる木が集めてある現場へ破砕機を持って行って破砕してから運び出す。その中には枝葉の混ざったものもあれば、エネルギー量の多い広葉樹もある。親子はそれらを別々に保管して低質のチップは安く、広葉樹のチップは高く販売している。この整理をするところに利益を生み出すコツがあるようだ。

エネルギー量が多い乾燥した品質の高いチップは、三二ユーロ／㎥で販売できる。引き取り価格は㎥に換算すると五～一〇ユーロである。枝葉の混ざった低質のものはただで引き取るらしい。破砕や乾燥にかかる原価は一二ユーロで計算している。一年間のチップの販売量は二〇〇〇㎥、一番の大口の販売先は地域発熱所（11章参照）である。そのほかに学校とも契約して定期的に納品している。納品する範囲はだいたい五〇㎞圏内だが、息子さんたちは運送費を別途請求しているので、多少遠くへも行く。一番遠い納品先までは八〇㎞ある。運送費は近くであれば二ユーロ／㎥、遠くなると四ユーロ／㎥ぐらいになる。

林業の仕事は山仕事で毎日大変である。植林して木を育てて毎日働いても、伐採まで一〇〇年かかる。植えた木で収入を得るのは孫の代になる。しかし、今までの林業にはなかったこのチップ製造・販売の仕事はすぐにお金になるのが魅力である。

息子さんは、「木は材料として使えなくなってから燃やすものだ」と言って次のように説明してくれた。木は家にもなり、橋にもなる。紙にもなるし家具にもなる。私たちの身の回りは木からできたものであふれている。木は大変に大切な材料であり無駄に使ってはならない。まず材料として使って、残ったものを最後に燃やしてエネルギーとして利用する。そうすれば、木はすべて無駄なく使い尽くすことができる。

このような木の使い方は、「カスケード利用」と呼ばれている。カスケードとは、上から下に階段のように水が流れる滝のことである。ドイツ連邦環境局では、「まずマテリアルとして利用し、次にエネルギーとして利用することにより、化石燃料の使用量を減らし、温室効果ガスの排出を減らすことができる」という調査結果を発表している。木の場合には、まず建材、次に家具、残りをペレットのようにして使うカスケード利用を推奨しているのだ。

アイブルさん父子に会って一番印象に残ったのは、携帯電話でチップの納品打ち合わせをする息子さんの姿だった。林業家と言うと人里離れた静かな山奥で自然の木を相手に仕事をしている姿が連想される。今日の息子さんはポケットの携帯電話で顧客とつながり、最新装備のコンテナトラックを運転してチップを納品しに町へ走る。バイオマスで森と町を結ぶこんな青年が、日本にも増えてほしいと思った。

2章

牧草牛乳と高品質チップ製造ビジネス

ビューラー・ホルツ有限会社

オーストリアの首都ウイーンからまっすぐ西へ延びるアウトバーン一号線からリンツを越えたあたりで八号線に乗り換えてドイツ方面に向かった。訪問するビューラーさんの工場は、ドイツとの国境に近いキルヒハイム村にある。工場を訪ねたのは七月の日差しの強い日だった。工場の中庭では直径一mぐらいのロール状になった干し草を積んだトラックが二、三台ところ狭しと行き交いしていた。まるで工事現場のようだった。トラックの砂煙の中からビューラーさんが現れた。ビューラーさんの会社の名前はビューラー・ホルツ有限会社。「ホルツ」はドイツ語で「木」を意味する。木のチップをつくる会社である。

「今夜から天気が崩れるのです。近所の農家からどうしても今日中に乾燥してほしいと

図１　会社の全景。左が工場、右上が自宅。ビューラーさんの工場はドイツとの国境に近いキルヒハイム村にある。キルヒハイムから西へ10km先にはイン川が流れている。この川を越えるとドイツのバイエルン州になる。

持ち込まれました。今日はその牧草の乾燥で忙しくしています。牧草は刈り取って新鮮なうちに乾燥させないと値打ちがなくなります。雨に濡れて傷むまえに私たちの乾燥装置で乾燥させることになりました。この自然の干し草は乳牛にとって最高の餌です。この飼料で育った牛のミルクは干し草牛乳になります」とビューラーさんが、トラックに積まれた干し草を指さして説明してくれた。

「干し草牛乳」とは初めて聞く言葉である。早速ビューラーさんに聞いてみた。「干し草牛乳とはなんですか？　普通の牛乳とは何が違うのですか？」。ビューラーさんは自信ありげに答えてくれた。「この干し草を餌にする牛のミルクにはガンマアミノ酪酸（ＧＡＢ

A）が含まれます。ガンマアミノ酪酸は癌の予防効果があるとされ、大変人気があります。オーストリアではスーパー・ホーファーが『牧草牛乳』の名前で売っています」

この「牧草牛乳」の話が印象に残り、ビューラーさんの工場をお暇した後にスーパー・ホーファーに寄ってみた。ホーファーはオーストリア第二のスーパーマーケットのチェーンなので、いたるところにある。初めて聞いた「牧草牛乳」があるかどうか半信半疑だったが、牛乳売り場に行ってみると「牧草牛乳」はすぐに見つかった。それも普通の牛乳と同じくらい、たくさん積んで売られていた。牧草地でこちらを見つめる乳牛をデザインしたパッケージである。もちろんすぐに購入した。味は普通の牛乳と変わらなかった。価格は普通の牛乳が〇・九九ユーロ（約一三九円。一ユーロ＝一四〇円で換算）であるのに対

図２　スーパー・ホーファーの牧草牛乳。牧草地でこちらを眺める乳牛をデザインしたパッケージである。牧草牛乳でつくったバターやチーズもある。スーパー・ホーファーは「原点回帰」ブランドの商品を開発し、地元産の付加価値の高い商品を販売している。

して、「牧草牛乳」は一・〇九ユーロ（約一五三円）と、一割高かった。雨に濡れないように干し草の乾燥に苦労しているビューラーさんや農家のおじさんを思い出して、高いのもやむを得ないと納得した。

ビューラー・ホルツ有限会社は二〇一〇年の設立である。もともとお父さんがやっていた林業を息子さんたちが継いで、一九九九年からチップを扱っていた。その家族経営を二〇一〇年に有限会社化して、三人の兄弟が経営、技術、営業をそれぞれ分担している。三人の兄弟は全員ともいわゆる大卒である。お父さんの林業を継いだと言っても、それを土台にしてそれぞれの専門知識を生かして新しい時代の要請にこたえるチップ製造販売の会社に発展させた。今日、案内をしてくれるのは経営担当、つまり社長のボルフガング・ビューラーさんである。

ビューラー・ホルツ有限会社はどんな会社ですかと、まず尋ねた。お父さんが会社案内を見せてくれた。そこには、次の営業品目と所有している機器リストが書いてあった。

営業品目

・木の破砕

・チップ、穀物、干し草の乾燥

図3　ビューラーさん一家。左からお母さん、社長のボルフガング・ビューラーさん、お父さん、エンジニアのミヒャエル・ビューラーさん。

図4　木のチップ。ビューラーさんの主な仕事は木のチップの乾燥と製造である。木質バイオマスはペレットにするにもそのまま燃焼するにもチップにしなければならない。高品質のチップの需要が高い。

図5　ビューラーさん自慢のチッパー、ウッド・ターミネーター11。1時間に最大200㎥のチップをつくることができる高性能の機械である。

・チップ、残廃材の購入
・上質乾燥チップの販売
・チップの輸送
・木材の売買

機器リスト

・トラック　MAN TGS 33.540　五五〇馬力
・チッパー　MusMaxウッド・ターミネーター11
開口部のサイズ：高さ×幅：五七×一二〇㎝、チップのサイズ：G三〇‐G一〇〇
破砕能力：一時間に最大二〇〇㎥
・クレーン　イプシロンQ170L　最大作業半径一〇m

主な仕事は木のチップの乾燥と製造である。近くの森の林地残材や間伐材がチップの原料となる。製材に向かない細い幹、梢、小枝が、近隣の森からでる。製材、製紙、合板、木製品をつくる工場から出る残廃材も意外と多い。引き取りの依頼があると、ビューラーさんたちはトラックや破砕機を走らせる。森であれば木は空き地や林道際にまとめて山積みにされている。それをその場でチップにして、トラックで持ち帰って乾燥するのである。

木の破砕＝チップ化は現場で行う。原木は長くて重いのでクレーンで取り扱わなければならず、動かすのに手間がかかるが、チップにすれば流動的になり扱いやすくなる。

チッパーと呼ばれる破砕機は写真のようにトラックの上に載っていて、どこにでも移動できる。手前に写っている自転車と比べると、その大きさがわかる。このトラックには一〇m先まで伸びるクレーンが付いている。木をクレーンでつかんでチッパーの入り口にいれると、後はチッパーがその木を取り込み、内部のカッターで破砕して上に伸びた煙突のようなパイプからチップを噴き出す。噴き出されたチップはそのまますぐにトラックの荷台に入るのでトラックに積む作業は不要である。

写真［図5］のチッパーがビューラーさんの自慢の機械で、名前はウッド・ターミネーター11である。取り込み口が大きくて七五㎝もあり、幹の太い木も破砕できる。一時間に二〇〇㎥のチップをつくることができる高性能の機械である。チッパーのカッターサイズは変えることができるので、小サイズのG三〇（最大断面積三㎠）から大サイズのG一〇〇（最大断面積一〇㎠）までのチップをこの機械でつくることができる。

ビューラー・ホルツ有限会社のメインの設備はチッパーと乾燥装置である。会社の業績が好調であり、二〇一四年には新たな投資をして乾燥装置を拡張した。この乾燥装置には太陽熱を蓄熱する八五トンの石を備えている。これは新しい試みである。石に蓄えた熱を使って、太陽が出ていない夜も乾燥を続けることができるという。この新しい試みに対して、ＡＩＴ（オーストリア技術研究所）から五万ユーロ（約七〇〇万円）の補助金が出た。総投資金額は一三万ユーロ（約一八二〇万円）だった。ＡＩＴはオーストリアの非大学系の最大の研究機関であり、将来のインフラ整備の研究に力を入れている。ビューラー・ホルツ社のこの装置の運転はモニタリングされていて、いずれ研究結果が発表される。

この石の蓄熱室を設置したビューラー・ホルツ有限会社と、ソーラー乾燥装置の開発メーカーであるコナ社（コナ社については10章参照）は、高いエネルギー効率を目指すパイオニアとしてイノベーション企業の部門で州のエネルギー・スター賞を二〇一五年に受賞した。

農家や林家にとってビューラーさんの会社は便利な存在である。森に残材や間伐材があっても、農家や林家はチッパーや乾燥装置を持ってない。ビューラーさんに電話一本すれば、すぐに森に来て残材、間伐材を全部チップにしてきれいに片付けてくれる。出来上がったチップはビューラーさんに買い取ってもらってもいいし、自宅や作業所で使う場合は乾燥してもらえば後から届けてくれる。残廃木であっても山積みのまま放置されているの

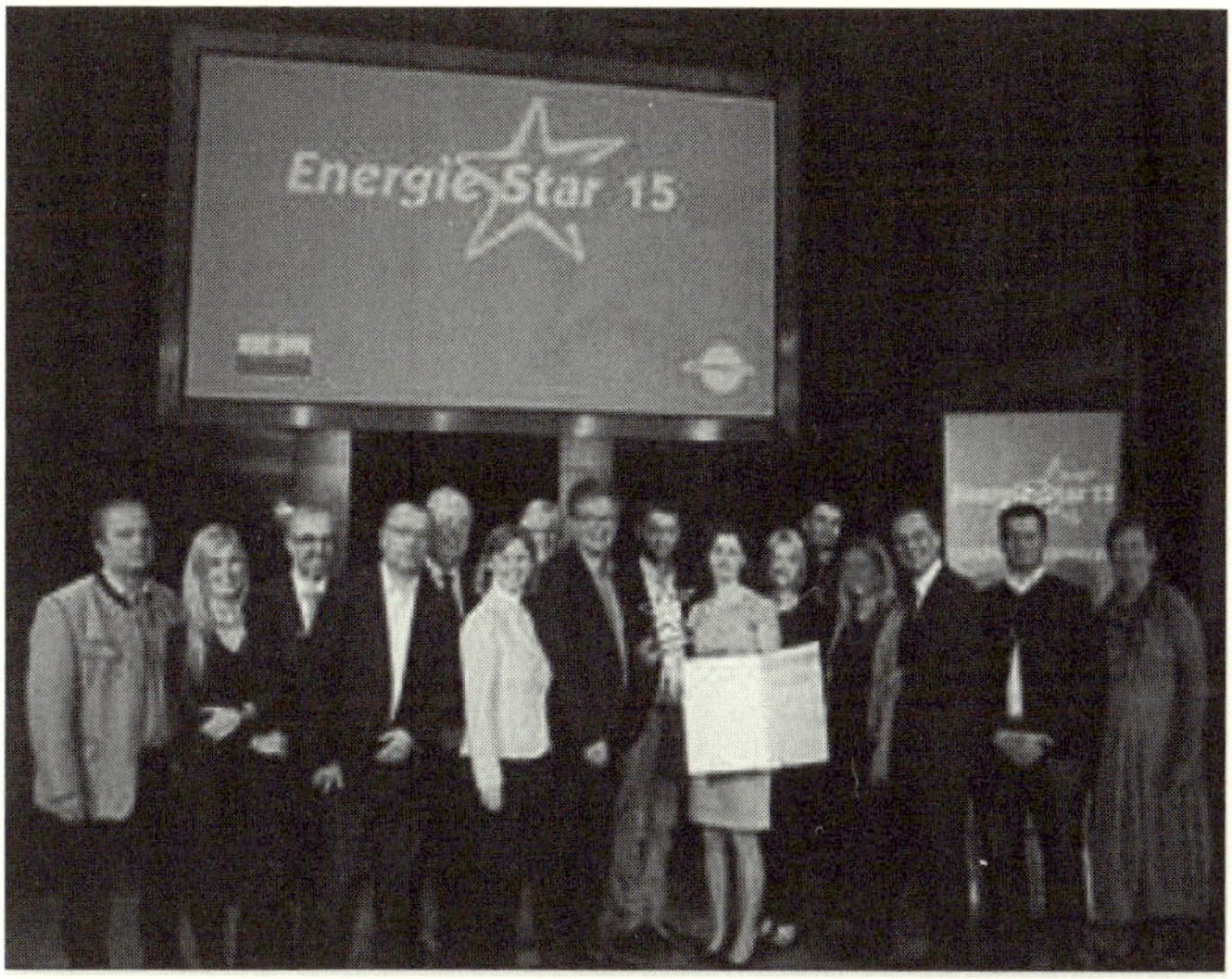

図6　エネルギー・スター賞の授賞式。石の蓄熱室を設けたビューラー・ホルツ有限会社とソーラー乾燥装置のメーカーであるコナ社は、高いエネルギー効率を目指すパイオニアとしてイノベーション企業の部門で州のエネルギー・スター賞を2015年に受賞した。

図7　奥に見えるのが乾燥装置。左でチップ、右で干草を乾燥しているところ。いずれも太陽熱で暖められた温風が床から出ている。工場の建物には構造材として大きな集成材が用いてあり、トラックも自由に入れる広い作業空間がある。

は気になるものだ。それが乾燥チップとして商品になり、自宅や作業所の暖房の役に立つことはうれしいものである。

ビューラー・ホルツ有限会社はユーザーからも信頼を得ている。兄弟の一人であるミヒャエル・ビューラーさんはエンジニアである。品質管理をしっかり行い、含水率二〇％の熱量の高い広葉樹の割合が多い高品質のチップを売り物にしている。この含水率は、水分量÷測定時の木材重量の式で求める湿量基準含水率である（七章参照）。ペレットの原料としても燃料としても高品質のチップは、一㎥当たり三〇ユーロで売れる。納期を守り、急ぎの納品に対応するサービス精神も忘れない。今ではリンツ市のエネルギー会社であるリンツＡＧもビューラーさんたちの顧客である。ビューラー・ホルツ有限会社は営業範囲を約二五㎞圏に設定している。遠くに出かければ燃料をたくさん使うことになるからである。エネルギーを有効に利用しようとするバイオマスの事業は大規模集中でなく、小規模分散が原則である。エネルギー・スター賞を受賞した石の蓄熱乾燥装置の研究結果が楽しみである。

3章

バイオマスボイラーの開発

アウグスト・ラッガム教授に聞く

ラッガムさんがバイオマスへのエネルギーの転換を論じた著書を翻訳することになり、一度お目にかかることになった。ラッガムさんはオーストリアのグラーツ市郊外に住んでいる。その日はグラーツ空港まで車で迎えに来てくださるという。フランクフルトからの飛行機が濃霧のために二時間も出発が遅れた。その旨の電話をすぐに入れたが留守番電話になってしまった。心配しながらグラーツ空港の到着ゲートから出ると、ラッガムさんは私が訳す予定の著書を片手に持ちながら、にこにこして待っていてくれた。初対面なので本がいい目印になった。

ラッガムさんはグラーツ工科大学の教授であった。今は引退してバイオマスの普及のた

図１　並木のきれいなグラーツ市エッゲンベルガー通り。太い幹の街路樹がならぶ歴史を感じる街並みである。

図２　グラーツの中央広場。グラーツの起源は、古代ローマ時代にここに砦が築かれた時にまでさかのぼる。

めに開発研究や啓蒙活動を行っている。著書の自己紹介には、「現在は、バイオマスの普及と研究開発、孫の世話、自己形成をしている」と書いてある。お孫さんの朝食は、毎日ラッガムさんがつくっているそうである。一九三七年生まれだから高齢ではあるが、健啖家であり講演でも大きな声でかくしゃくとしている。車ではカーナビを使わず、「いつもは妻がカーナビです。今日は私一人ですが大丈夫です」と言いながら市内にある出版社へ車を走らせてくれた。

グラーツから南五〇㎞はもう旧ユーゴスラビアのスロベニア共和国である。さらに南へ行くとクロアチア、アルバニア、ギリシャとつながっている。陸つづきでありながら歴史や文化や言葉が異なる国々が国境を接しているヨーロッパの複雑さと多様さを考えながら、車からの景色を眺めていた。太い幹の街路樹がならぶ歴史を感じる街並みが現れた。グラーツの町である。

ラッガムさんがグラーツの町と大学について話してくれた。古代ローマ時代にここに砦が築かれたのがグラーツの起源である。中世には都市特権を得て、一六世紀にはグラーツ大学が創設された。そこでは、天体の運行を解明したケプラーの法則で知られるヨハネス・ケプラーも教えていた。現在もグラーツは大学都市として知られている。人口約二五

図3　グラーツ大学。オーストリアでは2番目に大きく3万人を超える学生が学んでいる。設立1585年、グラーツで最も古い大学である。写真はオーストリアの建築家ギュンター・ドメニクの設計により1996年に建てられた法学センターである。

図4　グラーツ工科大学。グラーツ大学と密接に提携している。「自然科学・グラーツプロジェクト」では研究と教育で協働し、双子の学部と呼ばれている。数学と物理においてはカリキュラムを共通にする計画もある。

万のこの町にグラーツ大学、工科大学、医科大学、音楽芸術大学、教育大学など合わせて八つの大学に五万人以上の学生が学んでいる。

ラッガムさんの専門は、もともと製紙とパルプ製造の技術である。「環境に優しい新しい製紙・製パルプ技術」の論文で一九七七年に教授になった。ラッガムさんは理論だけでなく実践を大切にしている人である。技術は製紙やパルプ製造工場で実際に役に立たなければならない。経営困難に陥っていた製紙工場を自ら指導して、この技術を用いて立て直した実績を持つくらいである。当時のラッガムさんの活動は、製紙・製パルプの産業において小企業が淘汰されない循環型経済をつくりだすことに向けられていた。また、石油・ガス・石炭・原子力の排除を目指し、製紙技術を応用してブリケットやペレットのような加工されたバイオマス燃料を普及させることにも取り組んでいた。当時、オーストリアでは初めて完成した原子力発電所を稼働するかしないかをめぐり、国中で大きな論議が巻き起こっていた。一九七八年一一月五日にはその決着のための国民投票が行われ、完成した原発は稼働しないことが決定された。計画中の五基の原発の建設も中止になった。なお、米国ハリスバーグで、スリーマイル島原発事故が起こったのは国民投票から五カ月もたたない一九七九年三月であった。オーストリアの人々は国民投票の結果に確信を深めただろ

図５　最新のバイオマスボイラー。熱交換器はセルフクリーニングで燃焼効率は96%、灰の搬出は2年に1回、このボイラー1台で住宅一戸の全室の暖房と給湯ができる。

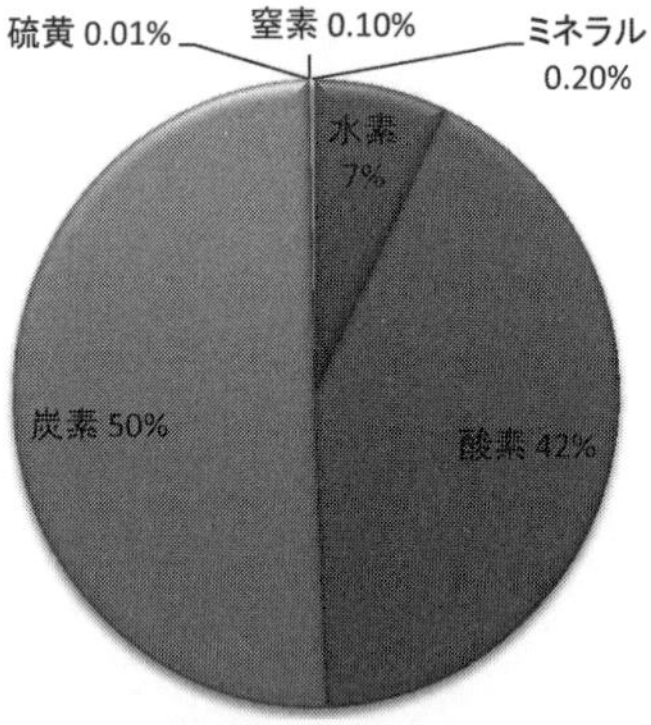

水素	7%
酸素	42%
炭素	50%
硫黄	0.01%
窒素	0.1%
ミネラル	0.2%

図６　木の組成。木は完全に燃焼すると、水素は水（H_2O）に、炭素は二酸化炭素（CO_2）に、硫黄は二酸化硫黄（SO_2）に、窒素は窒素酸化物（NOx）になり、含まれていた水は水蒸気となる。これらはすべてガス状になり、熱を熱交換器に与えて煙突から出ていく。

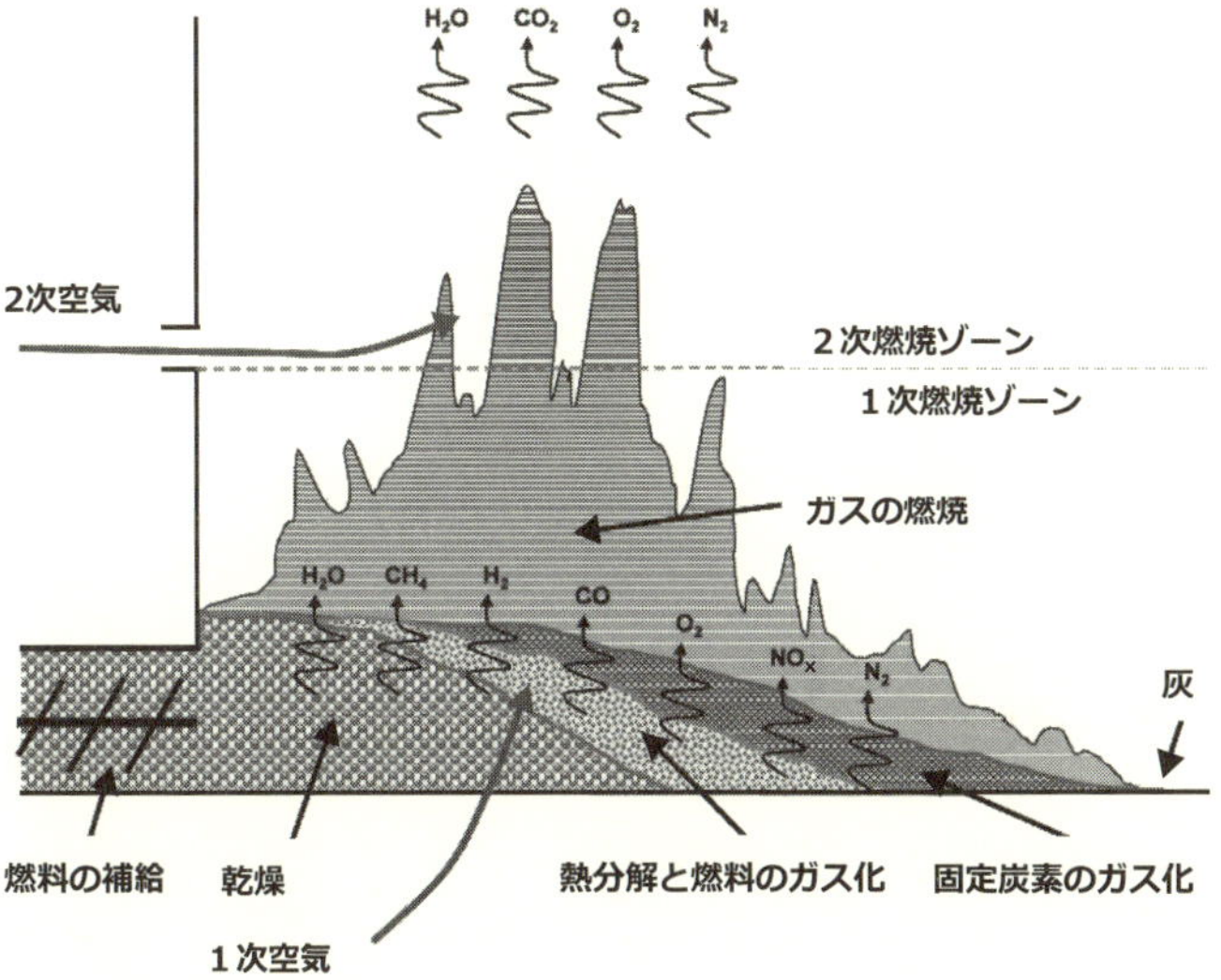

図７　木質燃料の燃焼。燃料が完全燃焼すれば発生する有害物質は微量である。そのために考え出されたのが燃焼を一次燃焼と二次燃焼とに分ける方法である。この方式によりエネルギー効率が格段に向上した。

う。

　バイオマスボイラーを開発するためにラッガムさんにとって欠かすことのできない出来事は、機械工のマイスターであるフランツ・フリッシュとの出会いであった。彼の協力を得て一九八三年にチップ／ペレットを燃料とする初めての自動ボイラーを完成させた。つづいて一九八五年にはグラーツ工科大学に代替エネルギー・バイオマス利用研究所を創設して所長となった。バイオマスが燃焼する時に発生する酸化窒素、炭化水素、一酸化炭素、粉塵による大気汚染を減少させる研究を行い、市町

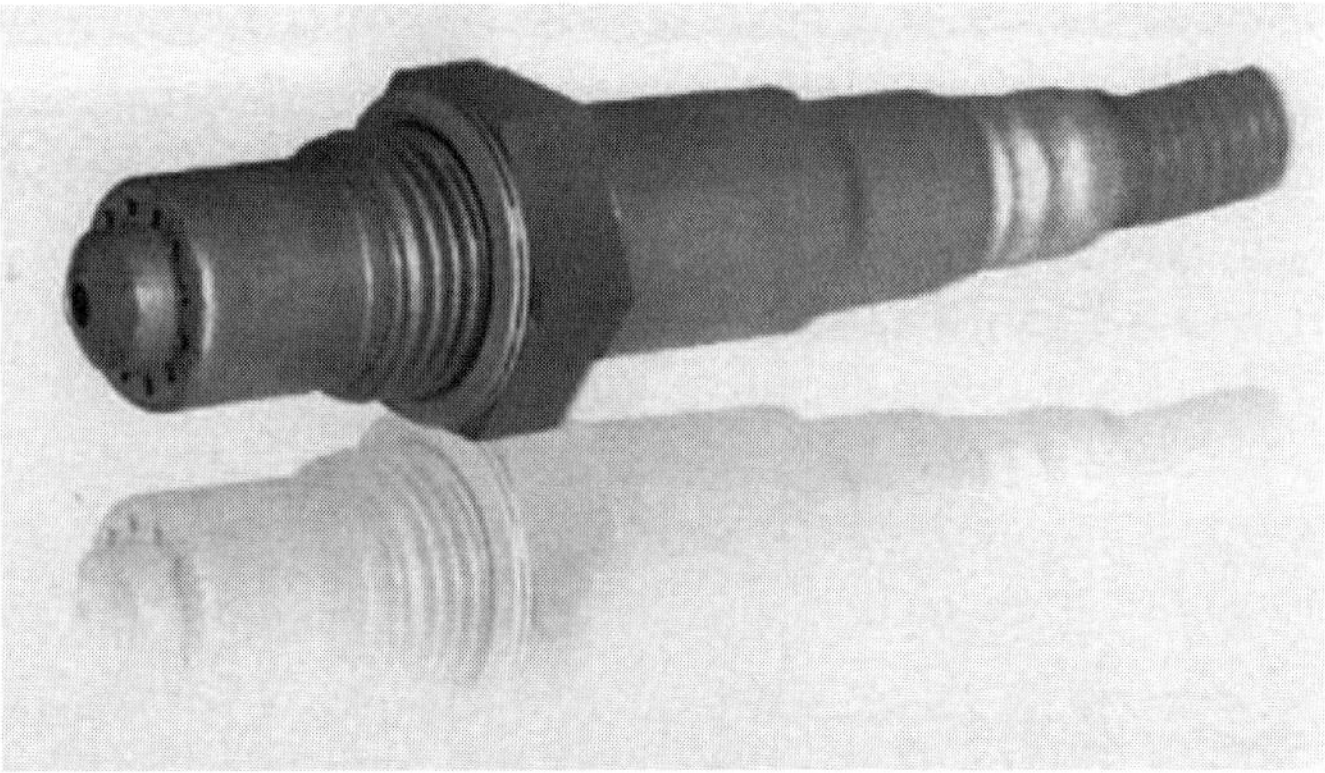

図８　燃焼の状態を瞬時にキャッチしながら制御をするために最新のボイラーやストーブに装備されているのが、このラムダセンサーと呼ばれるセンサーである。このセンサーは燃焼室の酸素濃度を測定し、それに応じて供給する空気量を制御する優れものである。

村や企業にはバイオマスによる循環型経済計画を立案した。チップ／ペレットの自動ボイラーでは、さらにセルフクリーニング機能の付いた熱交換器を開発した。今日のオーストリアはバイオマスのエネルギー利用やエコロジカルな農業において世界をリードしている。ラッガムさんは、その創成期のパイオニアの一人に間違いない。

ラッガムさんはバイオマスの排気から出る煤《ばい》塵《じん》や大気汚染ガスについて次のように説明している。

完全に乾燥した木は樹皮を除くと大まかには図６のような組成になる。

木は完全に燃焼すると、水素は水（H_2O）に、炭素は二酸化炭素（CO_2）に、硫黄は二酸化硫

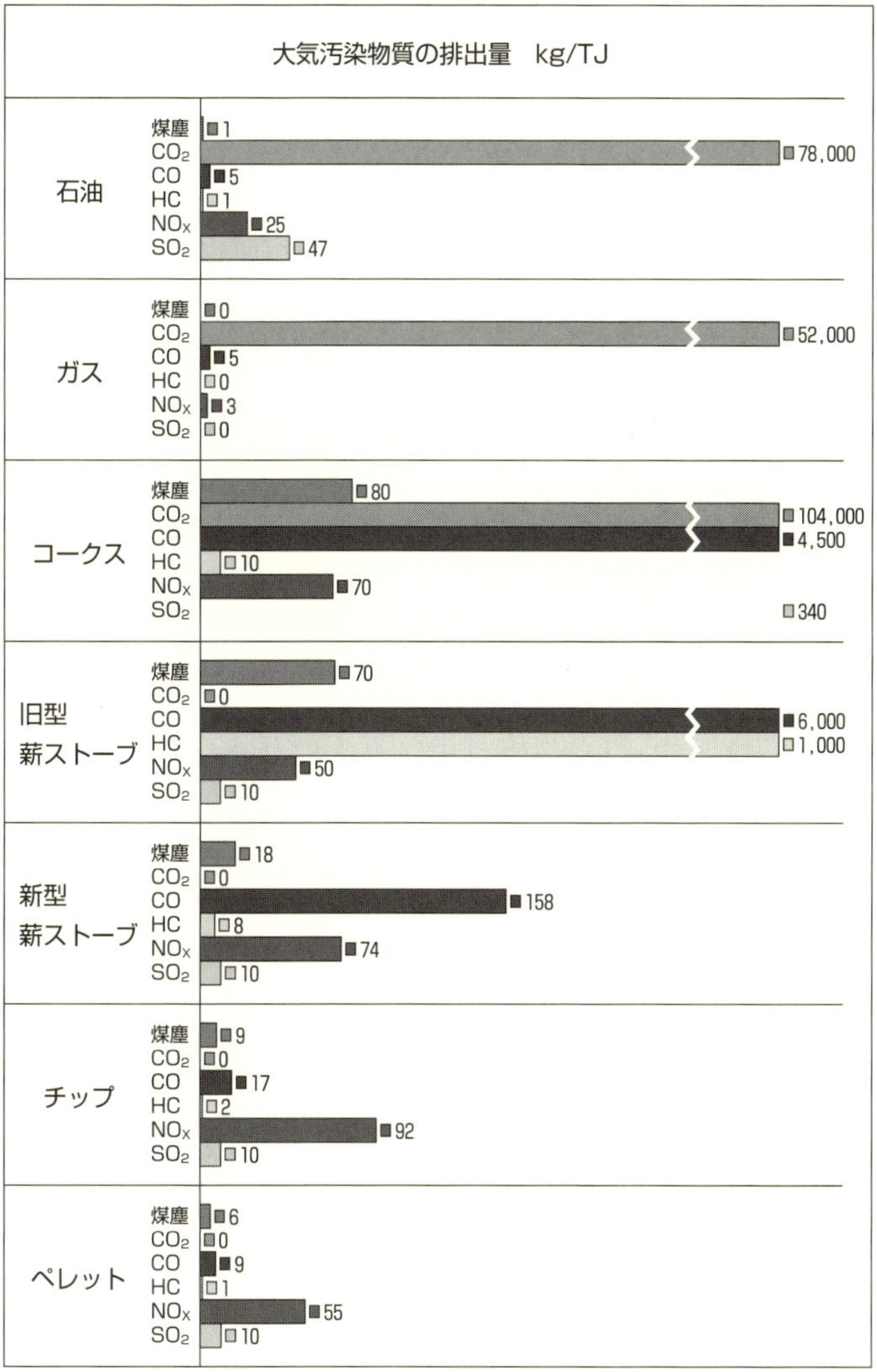

図９　大気汚染物質の排出量を燃料別に比較した表。

黄（SO_2）に、窒素は窒素酸化物（NO_x）になり、含まれていた水は水蒸気となる。これらはすべてガス状になり、熱を熱交換器に与えて煙突から出ていく。固体として残るのはミネラルだけである。このミネラルが排気ガスとともに大気に出ると煤塵となり、ボイラーの中に残ると灰となる。

チップやペレットがボイラーやストーブで燃える時に、温度、燃焼時間、気流、空気量のバランスがとれた状態であれば、燃焼から発生する有害物質は微量である。つまり、できる限り完全燃焼させることが重要なのである。完全燃焼すると、チップやペレットに含まれている炭素はすべて酸化されて二酸化炭素に変わる。その時に不可欠なことは、高温で燃料と空気がよく混合されて酸素との反応が十分に行われることである。燃焼室にその時間と空間をつくりだすために、燃焼を一次燃焼と二次燃焼とに分ける方法が考え出された。さらに、燃焼の状態を瞬時にキャッチしながら制御をするために最新のボイラーやストーブに装備されているのが、ラムダセンサーと呼ばれるセンサーである。このセンサーは燃焼室の酸素濃度を測定し、それに応じて供給する空気量を制御する優れものである。このラムダセンサーを装備したチップやペレットの燃焼機の効率は九〇～九六％まで達する。このセンサーはドイツの機械メーカーであるボッシュ社が開発したもので、ボルボの自動

図10　下から燃料が押し出される火床皿と燃焼している様子。燃料が火床皿の下から押し上げられてくる燃焼方式では1次空気の給気孔が常にチップやペレットにより上から覆われているので、排気ガスに含まれる煤塵量はわずかになる。

車のエンジンにはすでに一九七六年から搭載されている。

大気汚染物質の排出量を燃料別に比較すると、図9のとおりである。この表ではバイオマスの二酸化炭素の排出量はゼロにしてある。バイオマスは大気中の二酸化炭素を吸収して成長し、燃焼では吸収したその二酸化炭素を再び大気に放出しているので、総合的に大気中の二酸化炭素の量を増やしも減らしもしない。また、木は燃焼の時だけでなく森で朽ちて土にかえる時も同じように二酸化炭素を放出している。この仕組みが広く理解されるようになり、木をいわゆるカーボンニュートラルとしてとらえることはすでに一般化している。

バイオマスの燃焼時にボイラーに残ったミネラルが、排気ガスと共にボイラーから出て煤塵になるか、残って灰になるかは、燃焼用の一次空気の給気システムによるところが大きい。空気が燃料の上から吹き出す方式では、ミネラルはほとんど排気ガスと共に排出されて煤塵となる。一方、燃料が火床皿の下から押し上げられてくる燃焼方式では一次空気の給気孔が常にチップやペレットにより上から覆われているので、排気ガスに含まれる煤塵量はわずかになる。

木を燃やすボイラーやストーブを、時代遅れだと思っている人がいるかもしれない。しかし、燃焼効率が九六％に達し、厳しい技術基準をクリアしているバイオマスボイラーはハイテクの塊である。

オーストリアの大気汚染の防止に関する法律では、煤塵の排出基準値を、出力四〇〇kW以下のボイラーでは五〇mg／Nm³に定めている。この基準値は二〇一五年から二五mg／Nm³へと厳しく制限された。日本には大気汚染防止法があり、固体燃料ボイラーからの煤塵の排出基準値は三〇〇mg／Nm³になっている。オーストリアは日本に比べて一〇倍以上の厳しさだ。

二〇一一年三月一一日に東日本大震災が起こり、福島第一原発の大事故があった。ラッガムさんがその後に書いた『バイオマスは地球を救う』には、原発による事故を繰り返すまいという強い思いが込められている。その本では地球温暖化、原子力発電、バイオマス、腐植土について、日本ではまだ論議されていない独自の視点から次のことを具体的な数字で論証している。

① 原発から発生する膨大な熱は地球温暖化をさらに進行させる。

② 化学農業などによる腐植土の喪失は大気中の二酸化炭素量増加の大きな原因である。

③　エネルギーを輸入から国内自給に転換すれば、今までの化石燃料の輸入費用が再生エネルギーの導入費用となる。

④　再生エネルギーの中心になるバイオマスには持続的に供給できる十分な量がある。

とくに四番目のバイオマスの持続的な供給量については、統計や生物学から森林の成長量を計算しているだけでなく、手つかずのまま放置してあった一二〇〇㎡の森をラッガムさんは自費で買い取り、幹、枝、切り株に至るまで実測して木の成長量を計算している。実測の結果によるとその森での一年間の森林成長量は、一ha当たりに換算すると一〇絶乾重量トンを越えていた。一〇絶乾重量トンの熱量は二〇万メガジュールであり、約四三〇〇リットルの灯油に相当する。絶乾重量とは、木が完全に乾燥した時、つまり水分がゼロの状態の重量を言う（第7章七六〜七七ページ参照）。

バイオマスを推進する人々でも将来のエネルギー供給を化石燃料、原子力、バイオマスのミックスと考え、バイオマスでカバーできるのは二〇%ぐらいだろうと言う人々が多い。それに対してラッガムさんは、「一人当たり〇・二haの土地があればエネルギーは自給できる。バイオマスの成長量は十分にある」と主張する。ラッガムさんは次の三つの目標を掲げて、あらゆる機会をとらえて自説を説いている。
①すべての熱供給をエコロジカルな農業と林業からによる地元のバイオマスに転換する。②この熱供給装置で発電も行い、太陽光発電と併せて電気を供給する。③自家用車と公共自動車を電気自動車にする。
ラッガムさんが話をする相手は政治や経済の要人だけではない。レストランのあるじでもホテルのフロントマンでも相手が興味をそそるように、「こちらのホテルのボイラー熱源はなんですか？」などと話しかけて機会をとらえてはバイオマスの話をしている。近々、バイオマスエネルギーの講演を煙突掃除の組合員の集まりでするそうである。ラッガムさんの行動力には頭が下がる。

4章

ヒートポンプとペレットボイラー活用の大規模温泉プール

フライブルクのプール管理会社に聞く自然エネルギーへの転換と省エネの組み合わせ

ハインツさんは、フライブルク市の全プール施設を管理運営する会社のCOOである。温水プール、屋外プール、競泳プール、温泉プールなど市内には九カ所のプールがあり、一年間に一五〇万人が利用している。今回はその中のカイデルバート温泉プールを訪問した。四年前の二〇一一年に当時のガスボイラーが取り換えの時期になり、それを機会にエネルギーの熱源をガスからバイオマスに転換したプールである。その結果をハインツさんから聞くことになった。

フライブルク市はドイツの西南部に大きく広がる「黒い森」にある。「黒い森」と呼ばれている地域は、日本の四国ぐらいの広さがある広大な森林地帯である。平地ではなく中

図１　カイデルバート温泉プール。真ん中の丸いプールは38度、右奥に見えるのは屋内プール、左のガラス越しに見えるのは屋外プールである。

山岳地帯で、標高一〇〇〇ｍくらいまでの山並みがつながっている。生えている樹木はトウヒが多い。トウヒの針葉は色が濃いので「黒い森」と言うらしい。カッコーカッコーと鳴いて時を知らせてくれるカッコー時計ならぬ鳩時計は「黒い森」の名物工芸品である。

フライブルク市の西側にはライン川が流れている。ライン川の真ん中が隣国フランスとの国境になっている。つまり、川を越えるとそこはもうフランスのアルザス地方である。今ではヨーロッパが欧州連合（ＥＵ）となり、ＥＵ内に昔の国境はもうない。人と物の移動は自由である。ＥＵのうち、ユーロ通貨圏では統一通貨のユーロが使われている。フライブルクから車で三〇分のアルザスへは、「今夜の夕食はフランスで」と気楽に出かける人も多い。

環境都市としてフライブルクは日本でもよく知られ

図２　上：「黒い森」。左：工芸品の鳩時計。「黒い森」は奥深く日本の四国ぐらいの広さがある。鳩時計の時計技術は黒い森に接するスイスから伝わったものである。

ている。エネルギーやごみ処理などの先進都市として各地からの視察が絶えない。シンクタンクとして有名なフラウンホーファー・ソーラーエネルギー研究所（ＩＳＥ）はこのフライブルクにあり、一〇〇〇人以上の研究者たちがソーラーエネルギーの研究に取り組んでいる。

カイデルバート温泉プールは一九七九年に市民の健康増進のため、そして水中運動によ

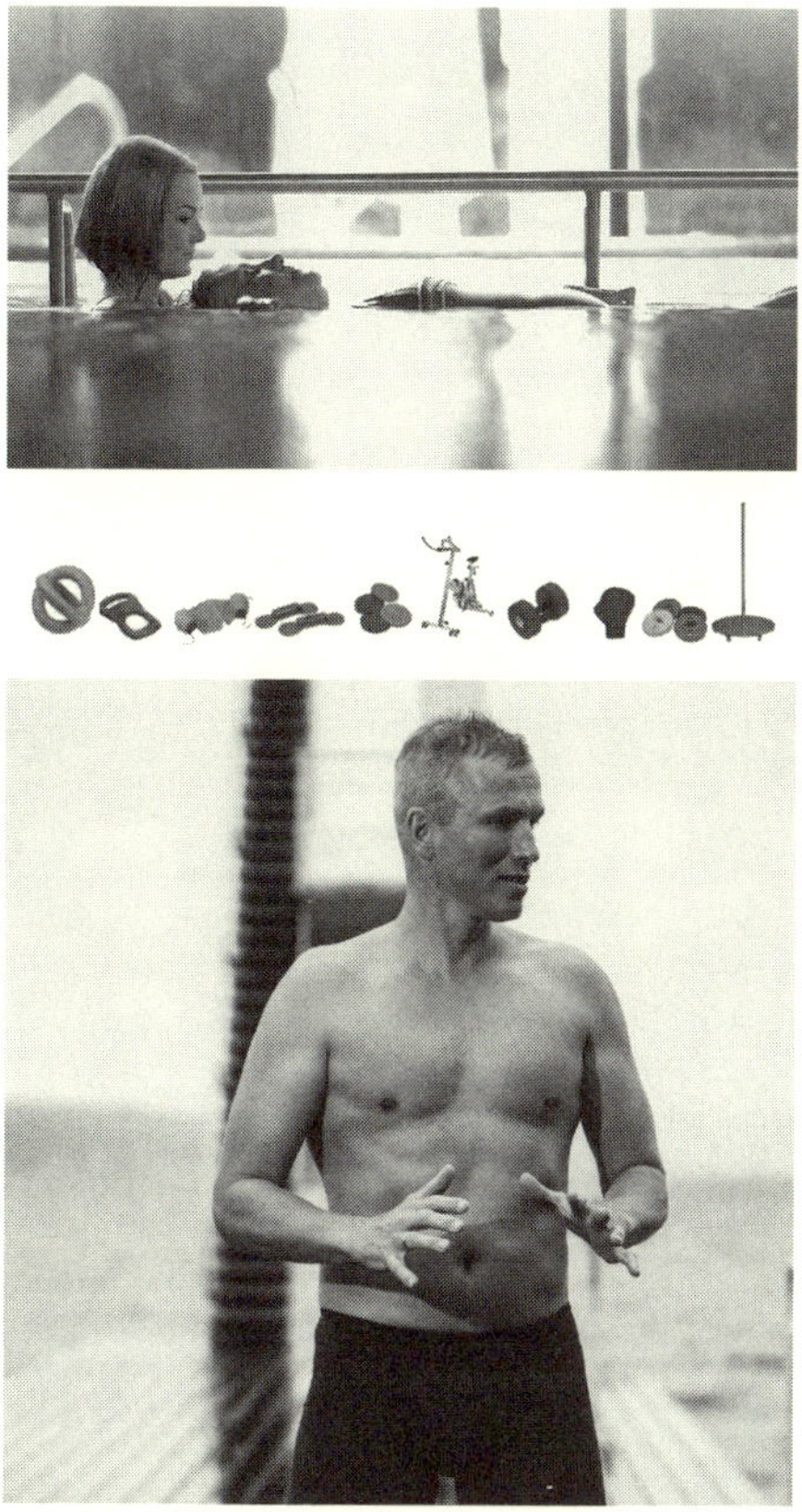

図３　水中運動。上：カイデルバートには温かいプールに浮かびながら受けるリウマチの治療もある。
中：プールではおばあさんもおじいさんも写真のようなピンクやブルーのカラフルな簡単なツールを用いてからだを動かしている。
下：ヨーロッパで最も新しい水中運動「アトヨム」がカイデルバートでも始まる。写真はプログラムを考案中のアトヨムさん。

る治療を行うために建設された。屋内には大きなプールが二面ある。その一つは腰痛などの水中運動療法の専用プールになっている。水の特性である浮力・抵抗・温度を利用して腰痛を手術することなく治している。温かいプールに浮かびながら受けるリウマチの治療もある。水中運動は治療のためだけではない。健康管理を心掛けるビジネスマンや、いつまでも元気に過ごしたいお年寄りのためのグループクラスがたくさん開かれていて大変に人気がある。ヨーロッパで最も新しい水中運動「アトヨム」がここでも始まる。これはロシア出身の体育教師であるアトヨムさんがドイツのチームと一緒に開発した、健康増進効果が高いと話題の水中運動プログラムである。

カイデルバートのプールでは、おばあさんもおじいさんもピンクやブルーのカラフルな簡単なツールを用いて、プールの中で楽しそうにからだを動かしている。水中では関節に負担がかからず、膝や腰に痛みを抱える人たちも運動に参加できるのである。カイデルバートの水中運動は、一時も手離せなかった杖を忘れて帰る人がいるくらいに効果があるとハインツさんから説明があった。

屋外には冬でも使える三面のプールがある。屋外プールと屋内プールがつながっているので、いちいち外に出る必要はない。屋内からプールに入ってそのまま水の中を移動して屋外プールに出られる。これなら冬でも寒くない。三面の屋外プールは全部つながっていて、水の中を歩きながらまわることができる。大きなプールだから歩くだけでもいい運動になる。休憩ができる水中ベンチがあちこちにある。泳いでいる人たちはいない。コースロープがないから、コースに沿って歩く人もいない。もちろんタオルを頭に乗せて座っている人もいない。それぞれの人が思い思いにプール中を歩いたり、プールの壁にもたれたり、仲間と談笑したり、カップルで楽しんだり、壁面からのジェット水流でマッサージをしたり、滝のように上から落ちてくる流水にあたったりしている。

このプールを何と呼べばいいのだろうか。水泳プールでもなく、レジャープールでもなく、温泉でもない。日本でもこんなプールが各地にあって、仕事で疲れた人たちやお年寄りが温水の中で楽しく心身の健康管理ができるといいと思った。このようなプールをヨーロッパではテルメと呼ぶ。古代ローマ帝国のカラカラテルメのテルメに由来しているのであろう。古代ローマの時代から、人々がお湯に癒やされているのは間違いない。見学していると、私もこのプールに入ってみたくなった。

温泉プールであるカイデルバートでは、地下八〇〇mから出る約三八度の温泉を使っている。源泉が三八度であっても水温維持、シャワー、給湯、建物の暖房のために熱エネル

	通年で必要なエネルギー	ピーク時だけ必要なエネルギー
第1案	ヒートポンプ	ガスボイラー
第2案	ヒートポンプと自家発電	ガスボイラー
第3案	ヒートポンプと自家発電	植物油（アブラナ）ボイラー
第4案	自家発電	ガスボイラー
第5案	木質チップボイラー	ガスボイラー
第6案	ペレットボイラー	ガスボイラー
第7案	ヒートポンプとペレットボイラー	ガスボイラー
第8案	ヒートポンプとペレットボイラー	植物油（アブラナ）ボイラー

図４　新しいエネルギーコンセプトの８案。通年でいつも必要とするエネルギーと季節変動による需要のピークの時だけ一時的に必要とするエネルギーを分けて考え、その組み合わせが８通り検討された。

ギーを必要とする。その熱源にはガスが使われ、ガス代が一年で五五万ユーロ（約七七〇〇万円）かかっていた。このランニングコストを減らし、環境のために二酸化炭素の排出を抑える目的で二〇〇九年にエネルギーの見直しが行われた。新しいエネルギーコンセプトの案がエンジニア事務所から提案された。コンセプト案では、通年でいつも必要とするエネルギーと季節変動による需要のピーク時だけ一時的に必要とするエネルギーを分けて考え、その組み合わせが八通り検討された。

そして検討の結果、第七案が採用され、ヒートポンプとペレットのバイオマスボイラーの組み合わせに決まった。ヒートポンプとバイオマスボイラーは通年でいつも必要な熱量がカバーできるぐらいの能力を持つ大きさの機種が選定された。ガスボイラー

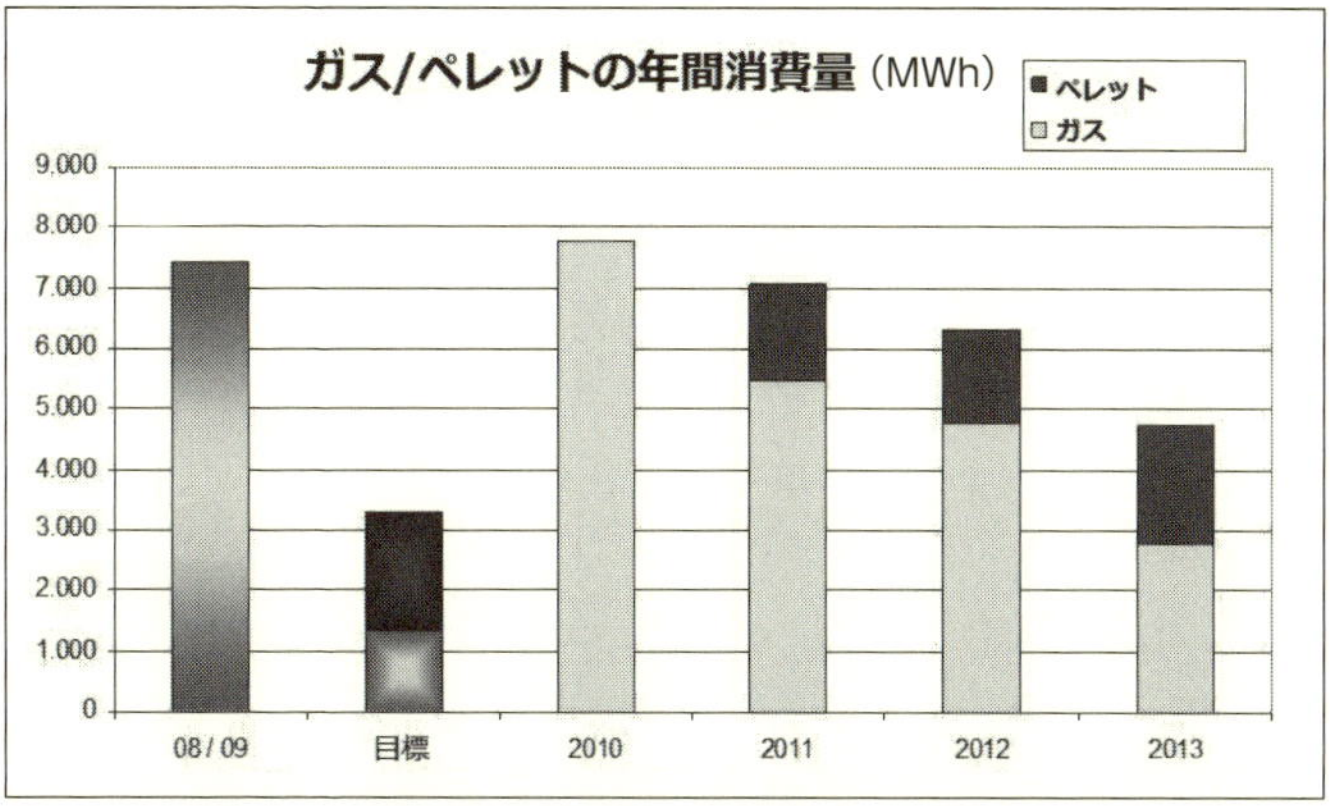

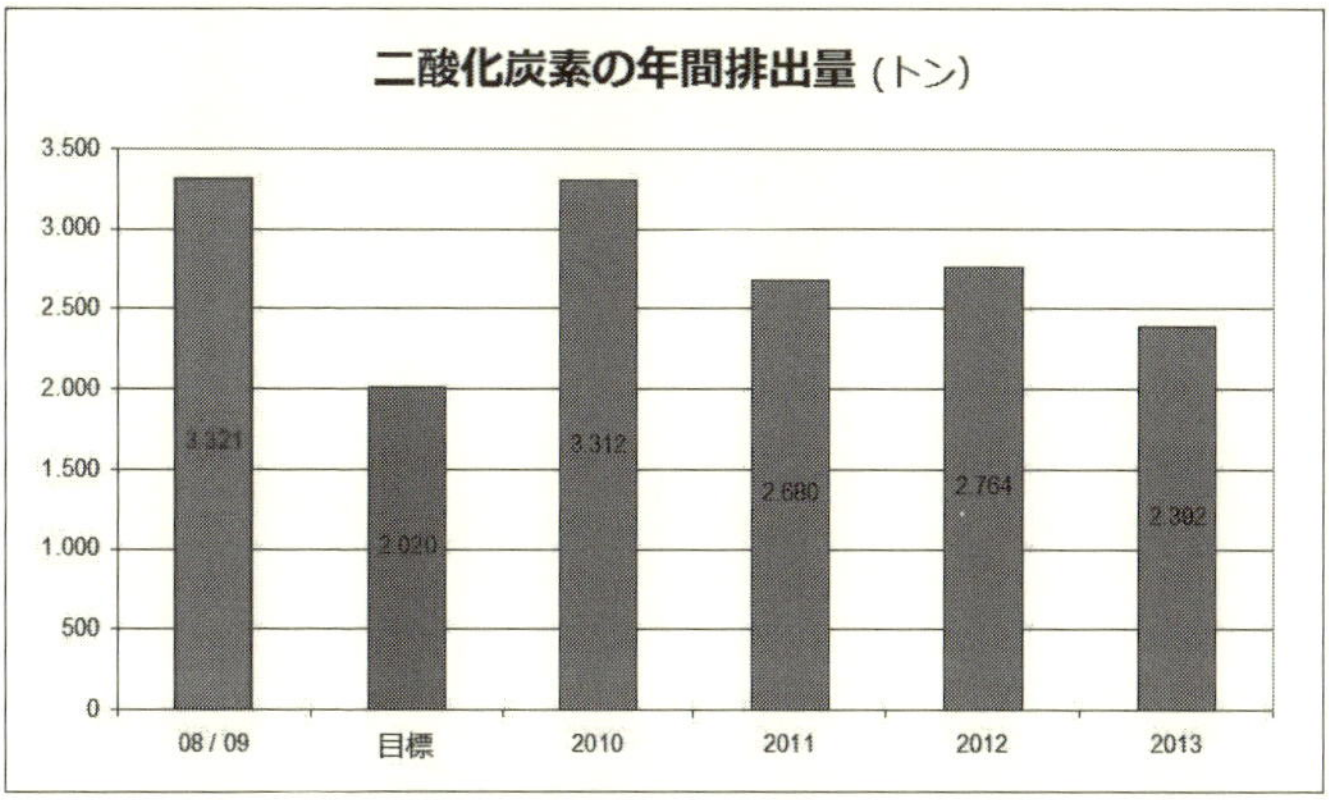

図５　エネルギーの節約と二酸化炭素排出量の削減目標。古いガスボイラーが使われていた時と比べて、燃料の消費量は半分以下に減らし、二酸化炭素の排出量は約1,300トン削減する目標が定められた。グラフは2013年までのその推移である。

1年間のエネルギー費用（ユーロ／年）	08/09	目標	2010	2011	2012	2013
ガス	550,000	127,000	507,000	356,000	309,000	180,000
ペレット	0	82,000	0	67,000	66,000	83,000
電気	366,000	409,000	341,000	317,000	384,000	413,000
総エネルギー費用	916,000	618,000	848,000	740,000	759,000	676,000
総節約金額		298,000	68,000	176,000	157,000	240,000
回収期間　　年		5.0			9.6	6.3

図6　1年間のエネルギー費用の推移。熱エネルギーをガスボイラーからヒートポンプとペレットボイラーに切り替え後3年間のエネルギー費用の推移。2013年には、切り替え前の26%にあたる24万ユーロ（約3,360万円）のエネルギー費用の節約となった。

は熱需要がピークになる時とメンテナンスの時だけ一時的に使うものとし、燃料は天然ガスを使うことになった。年間の総エネルギー費用を約三三％減らすことが目指された。

工事は二〇一一年から始まり、まず空調装置、熱回収装置、給湯系統が順次改修された。

次に、基本負荷のベース熱源としてヒートポンプ四台（二一〇kW）とペレットボイラー一基（三〇〇kW）が設置され、最後に古いガスボイラーが新しい天然ガスボイラーに入れ替えられた。

熱エネルギーをガスボイラーからヒートポンプとペレットボイラーに切り替えた三年間のエネルギー費用の推移が、中間結果として二〇一四年に上の表のように報告されている。金額では切り替え前の二六％にあたる二四万ユーロ（約三三六〇万円）のエネルギー費用の節約となった。二酸化炭素の排出量は二〇一三年には九三〇トン減少した。

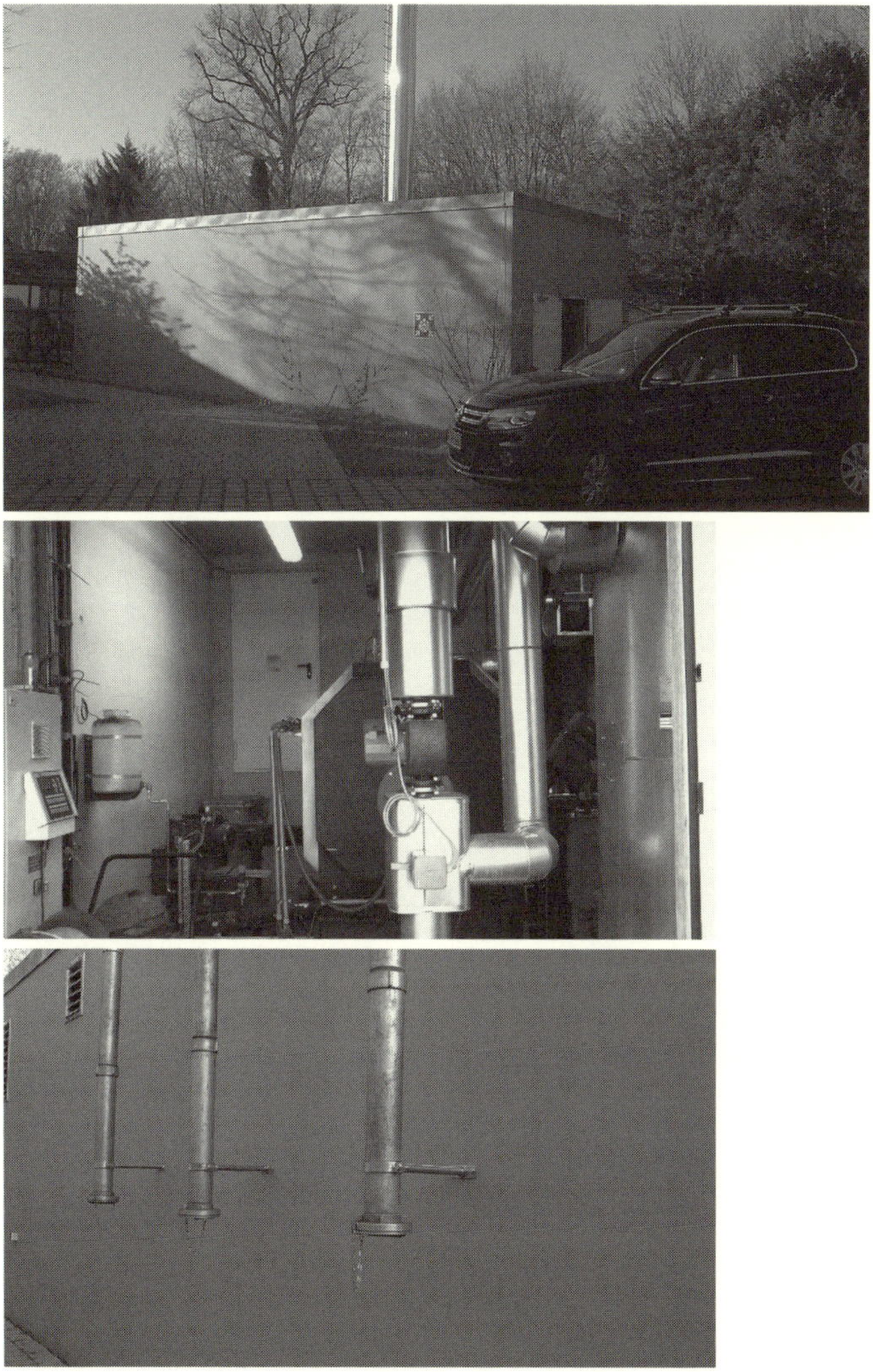

図７　新設のボイラー棟。この中に2週間分のペレットの保管庫もあり非常にコンパクトである。上：ボイラー棟は車のガレージを一回り大きくしたぐらいの大きさである。中：この中に入っている300kWのペレットボイラー。下：保管庫の壁から外に直径15㎝のパイプの接続口が出ている。トラックで運ばれてくるペレットがここから空気の圧力で保管庫内に圧送される。

図８　屋外から眺めた夜のカイデルバート。プールは夜も水中照明で明るい。年中無休で朝の9時から夜の22時まで営業している。

敷地内に新設されたペレットのバイオマスボイラー設備は非常にコンパクトである。新設のボイラー棟は、写真の通り車のガレージを一回り大きくしたぐらいである。この中に三〇〇kWのペレットボイラー一基と二週間分のペレットの保管スペースがある。二週間に一回二〇トンのペレットが配達される。保管庫の壁から外に直径一五cmのパイプの接続口が出ていて、タンクローリーのようなトラックで運ばれてくるペレットはこのパイプを通じて空気の圧力で保管庫内に圧送される。

ハインツさんはこの結果に一応満足はしているが、このままでは投資費用の回収期間が六・三年になる。それを当初目標の五年に近づけるために、運営面からも技術面からもまだ対策が必要である。ペレットボイラーは予定通りの効果を発揮しているので、ヒートポンプの最適化が課題になるそうだ。エネルギーの転換はうまく進んでいるのだが、新たな問題が出て困っていると言う。どんな問題かと聞くと、カイデルバートの営業活動が思いのほか成功して利用者の数が予想より大幅に増えたため、水処理や空調設備の能力が追いつかなくなっていると言う。新しい設備機器を入れるには多額の資金が必要となる。最近では隣国のフランスからもライン川を越えてカイデルバートに来る人たちが増えたそうである。ハインツさんはうれしい悩みを抱えているようだ。

話を終えたら、「時間があったらプールでリラックスしてから帰ってください」とハインツさんから入場券をいただいた。プールに入りたいと思っていたのが顔に出ていたのかもしれない。プールの水温は三四度でとても気持ち良かった。熱くも冷たくもない水温だった。からだに負荷がかからないこのくらいの温度を不感温度と呼ぶらしい。確かに、日本のお風呂のように熱くないから長く入っていても疲れてくることがない。水深は一・三m、立っていると肩が水から出る程度である。冬の二月だったので外気温は〇度ぐらいだったが、結局一時間ほど屋外と屋内の両方のプールを楽しんで、心身共にリラックスしてカイデルバートを後にした。

5章

燃焼効率九割超

バイオマスボイラーメーカーのセールスマンに聞く販売と利用の実際

リューリンガーさんはセールスマンである。彼が勤めるリンドナー&ゾマーアウアー社は木質バイオマスボイラーのメーカーで、設立が一九九一年であるからバイオマスボイラーメーカーのパイオニアである。品質には定評があり、ここが製造したバイオマスボイラーはどのタイプも燃焼効率が九〇%を超えている。

製品がよくても販売は難しいとリューリンガーさんは言う。販売のためにリューリンガーさんが一番大切にするのは人とのつながりから得た情報である。営業が人間関係であるのは世界共通のようである。誰かが燃料代が高くて困っていると聞けばすぐにバイオマスボイラーの提案に行き、ボイラーを石油やガスからバイオマスに切り替えるとどのくらい

❶	ボイラー	❼	スクリューコンベア	⓭	スクリューコンベア
❷	操作板	❽	軸受け	⓮	ギア
❸	2次燃焼	❾	モーター	⓯	回転羽
❹	燃焼室監視	❿	スプリング	⓰	回転スライド盤
❺	燃焼炉	⓫	防火ダンパー		
❻	回転バーナー	⓬	モーター		

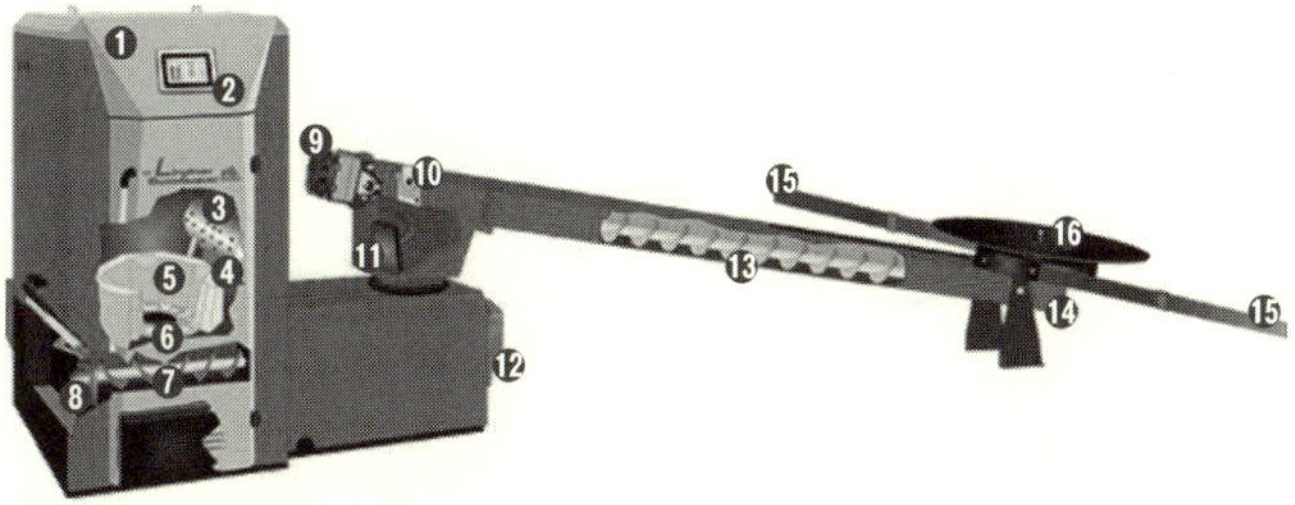

図1　バイオマスボイラーの全体図。リンドナー＆ゾマーアウアー社は1991年に設立された。販売を始めた1993年当初から燃焼効率の高い高性能なボイラーを製造している。

燃料費が下がるかを具体的な数字で説明する。石油やガスのボイラーからバイオマスに転換するために必要な新しいボイラーの購入費、工事費、補助金、予算やローンの組み方、何年で投資費用を回収できるかなどを説明するのである。ボイラーを設置する場所を実際に点検して燃料チップやペレットの保管場所、ボイラーまでの搬送パイプの方式も提案する。もちろん、燃料となるチップやペレットの調達方法についてもアドバイスする。すでにバイオマスボイラーを使っている家庭や施設を一緒に見学に行くこともある。リューリンガーさんが担当している地域は、代々続いている農家がたくさんある。古くからある農家は山を持っていることが多いので、所有している山の間伐材や残材からチップをつくって燃料を自給する方法も提案する。購入が決まったら工事の手配もして試運転にも立ち会う。

リューリンガーさんは、ボイラー販売のセールスマンと言っても仕事はボイラーを販売するだけでは終わらない。販売の後、顧客がボイラーを使い始めるといろいろとトラブルが起こることがある。その時、お客さんは何でもリューリンガーさんに電話をしてくる。「突然止まった」「運転ランプがつかない」「温度が上がらない」などなどである。リューリンガーさんはそれらすべてに対応する。技術者が工具や部品を持って修理に行かなければならないことは稀である。お客さんは異常があると説明書も読まずにまず電話をするから、リューリンガーさんが口頭で説明して正しい操作をしてもらえれば、だいたい解決するのだ。修理が必要な場合は技術者を派遣しなければならないので、その時は待ってもらわなければならない。そのような故障に限って、金曜日の夕刻あたりに電話がかかってくるそうである。週末は休みなので技術者が行くのは週明けの月曜日になる。寒い冬にボイラーを週末ずっと止めるわけにはいかない。しかし、運転を止めなければならない事態はめったにない。装置は堅牢なので、エラーが出ていてもしばらくはそのまま運転を続ける

10年間使用した10kWの石油ボイラーを
新しいペレットボイラーに取り換える例

条件：
石油の年間使用量：1,670ℓ、単価：0.95ユーロ/リットル（133円）
ペレットの年間使用量：3.3トン、単価：220ユーロ（3.1万円）/トン
古いボイラーの耐用年数：約20年、購入価格：6,000ユーロ（84万円）

最初にかかる費用：

新しいペレットボイラー10kW	ユーロ	11,000	(1,540,000円)
取り換え工事	ユーロ	1,500	(210,000円)
補助金をマイナス	ユーロ	−2,500	(350,000円)
旧装置の半額をマイナス	ユーロ	−3,000	(420,000円)
償却対象金額	ユーロ	7,000	(980,000円)

燃料にかかる年間費用：

石油の場合:1,670リットル×0.95ユーロ=	1,587	(約222,000円)
ペレットの場合:3.3トン×220ユーロ=	726	(約102,000円)
節約額	861	(約121,000円)

図2　ペレットボイラーへの転換費用。石油からペレットボイラーへ転換すると、燃料にかかる費用は半額以下になり１年間に861ユーロ（約12万円）の節約となる。償却期間は約８年。

ことができるそうである。

リンドナー&ゾマーアウアー社は、燃焼と機械工学の知識と経験に富んだ人材が結集し一九九一年に設立された会社である。販売を始めた一九九三年当初から高性能なボイラーを製造していた。それ以来、一貫してチップとペレットのボイラーを生産している。製品は機械や排ガスの厳しい品質基準をクリアし、燃焼効率九三％以上の高性能を誇っている。今日では標準になっているラムダゾンデと呼ばれる排気ガスの成分を感知して燃焼を制御するセンサーを初期

のバイオマスボイラーから取り入れている。

リンドナー&ゾマーアウアー社の開発で特筆すべきものに、燃料のチップやペレットの搬送システムがある。大きな箱や小部屋に貯蔵してある燃料をボイラーまで送るシステムである。チップやペレットは液体でも気体でもない固体であるから、パイプでどのように送るのか、貯蔵場所からどのようにそのパイプに入れるのか、実際に見るまでなかなか想像できなかった。

リンドナー&ゾマーアウアー社が開発したシステムでは、チップやペレットが貯蔵してある大きな箱や保管庫の底面が逆三角形の形になっていて、一番深いところに搬送パイプがある。その上に二本の長いばね板を付けた大きな円形の回転盤があり、ゆっくりと回りチップやペレットをかき回しながら、下へ落としていく。落ちたチップやペレットは斜面を滑って搬送パイプ内へ入る。そのあとはパイプの中で回るスクリューが、チップやペレットをボイラーのストックタンクへ送る。この方式はスクリューコンベア式と呼ばれている。スクリューと

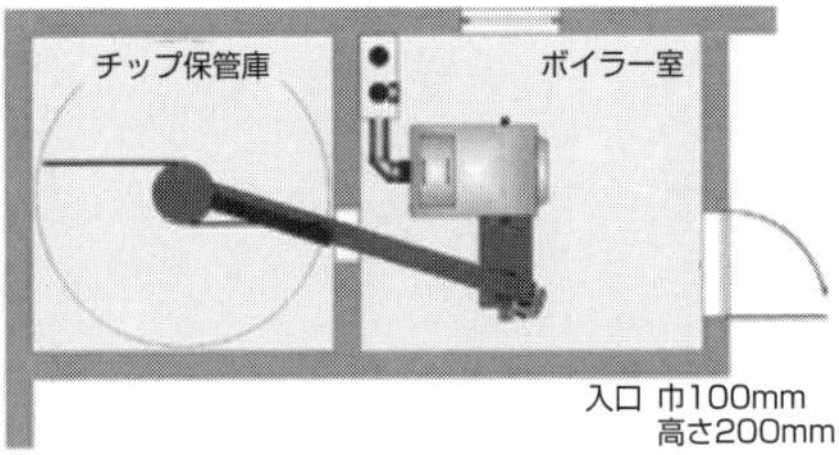

図３　チップ保管庫とボイラー室の平面図。保管庫の床の一番深いところにボイラーにつながる搬送パイプがある。その上に２本の長いばね板を付けた大きな円形の回転盤があり、それがゆっくりと回りチップやペレットをかき回しながら、下へ落としていく。落ちたチップやペレットは斜面を滑ってスクリューの入った搬送パイプ内へ入る。

図４　チップやペレットの搬送の種類。チップの保管庫の配置はボイラーの横でも上でもどこでも構わない。スクリューコンベアが保管庫とボイラーをつなぐからである。チップやペレットは保管庫からパイプの中のスクリューの回転でボイラーまで運ばれる。

回転盤を回転させるのはスクリューの一方の先に取り付けられた一台のモーターである。スクリューのもう片方にはギアが付けてあり、スクリューの回転が回転盤に伝わる仕組みである。シンプルかつ堅牢であり、今日ではほとんどのメーカーが採用するしくみだ。バイオマスの搬送パイプの太さは石油やガスよりも太く、直径一二〇㎜ぐらいある。このスクリューパイプがあれば上でも横でもチップやペレットを自在に送ることができる。石油やガスのパイプは漏れると大変なことになるが、バイオマスにはその心配は不要である。

オーストリアでは地下室にボイラーを設置することが多い。チップの保管庫はその横でも上でも地上でもどこに設置してあっても構わない。スクリューコンベアが保管庫とボイラーをつなぐからである。チップやペレットは、保管庫からパイプの中のスクリューの回転でボイラーの手前まで運ばれてくる。ボイラーの手前でいったんパイプから出して落下させ、次のスクリューコンベアでボイラーの燃焼室へ送る。この搬送の中断は安全対策であり、分離落下するところには防炎蓋がついている。

次にどんなクレームが多いかリューリンガーさんに聞いた。一番困ったのは、使用者がチップやペレットだけでなく、いろんなものを燃やすことで起きたトラブルだったそうである。ボイラーがあると、燃えるものなら何でも燃やしてエネルギーにしようとする人た

オーストリア規格ÖNORM M7133によるチップの分類

含水	
チップW 20	含水率w　　w≦20%（乾燥した木のチップ）
チップW 30	含水率w　20<w≦30%（貯蔵可能な木のチップ）
チップW 35	含水率w　30<w≦35%（貯蔵が制限される木のチップ）
チップW 40	含水率w　35<w≦40%（湿った木のチップ）
チップW 50	含水率w　40<w≦50%（伐採直後の木のチップ）

サイズ分布		サイズ分類		
全体　100%		G30　小	G50　中	G100　大
大きいサイズ　max.20%	最大断面［㎠］	3	5	10
	最大長さ［㎝］	8.5	12	25
	粗メッシュ［㎜］	16	31.5	63
基本サイズ　60-100%	中メッシュ［㎜］	2.8	5.6	11.2
小さいサイズmax.20% ただし、1mm微細メッシュの通過量はmax.4%	細メッシュ［㎜］	1	1	1

図5　オーストリア規格M7133。これにより含水率やサイズなどで木質チップが規格化されている。ヨーロッパの国々では長年この規格を基準としている。

ちが多かったらしい。石油やガスは一定の品質基準や規格に基づいた燃料であるが、バイオマスボイラーが出た当時はチップや薪の品質基準は今ほど明確でなかったし、ごみ処理的に燃えるものをいろいろ入れる利用者が多かったそうである。この話を聞いて私は納得した。オーストリアの人たちが何でも燃やそうとする気持ちはよくわかる。もったいないと思う気持ちは国が変わっても同じなのだ。

　バイオマスボイラーの先進国であるオーストリアは、燃料の木質チップやペレットの品質基準の先進国でもある。一九九三年にオーストリア規格「燃料用木質チップの基準と試験方法」M7133がつくられ、含水率やサイズなどで木質チップが規格化された。ヨーロッパの国々では長年このオーストリアの規格を基準としている。

二〇一四年にこのオーストリア規格M7133の一九九八年版を基にしたヨーロッパ規格、EN ISO 17225-1が出来上がった。この新しい規格では材料の由来もわかるようになった。例えば、次のように表記される。

ÖNORM EN ISO 1.1.3.1. / P31 / M25 / A1.0 / BD150 / Q3.6

これは、次のことを意味している。

1.1.3.1.（由来）：ここの数字は丸太、エネルギー林、森林残材、切り株、工業材の残材、化学処理のない残材など原料の由来を表す。1.1.3.1.は樹皮を含む広葉樹丸太が原料であることを示している。

P31（サイズ）：チップの大きさを表す項目である。P31では全体の六〇%は三一・五㎜以下のサイズでなければならない。同時に微細サイズの割合、超過サイズの割合、許容される最大長さと最大断面積も定められている。

M25（含水率）：この数字は最大許容含水率である。M25は最大含水率二五%である。

Ａ１・０（焼却灰）：燃焼においてどのくらいの灰が出るかを表している。Ａ１・０は燃焼において最大一％の灰が出ることを意味する。

ＢＤ１５０（嵩密度）：チップの嵩と重さを表す。ＢＤ１５０は一㎥が最低一五〇kgのチップである。

Ｑ３・６（発熱量）：チップの発熱量を表す。Ｑ３・６は、このチップには最低三・六kWh／kgの発熱量があることを示している。

最近の販売が不調なのでリューリンガーさんは頭が痛い。実績のある堅牢な製品であっても、顧客はまず新しいものに惹かれてしまうのが悩みである。人々は品質よりもまず目新しさに関心を持つらしい。リューリンガーさんが販売する地域では、すでにバイオマスボイラーがかなり普及していることもその原因の一つだろう。製造メーカーが増えて競合も激しくなっている。バイオマス市場も先進地区では成熟期を迎えているのだろうか。

6章

ジャガイモから丸太まで、バイオマス保管シートを世界市場で売る

農林資材メーカー事業部長に聞く

テンカーテ社は土木資材や農業資材を生産する年商一一億ユーロ（約一五〇〇億円）、社員四五〇〇人のグローバル企業である。本社はオランダにあり世界中にその製品を輸出している。このテンカーテ社の製品の中にバイオマス向けの資材がある。バイオマス産業は中小企業が多い中で、テンカーテ社は珍しく大企業である。

中小企業が多い理由の一つは、やはりバイオマスがまだ歴史の浅い産業だからだろう。エネルギーとしてのバイオマスの歴史は先史時代までさかのぼる。木を燃やして火を使うことは、人類の特徴とされているぐらいである。また、最近の二〇世紀まで先進国でも木質燃料は重要なエネルギー源であった。

図１　テンカーテ社の子会社、テンカーテ・ジオシンテティックス・オーストリア社の事務所棟。

しかし、化石燃料が用いられるようになってからは姿を消してしまった。そのバイオマスが再び近代的なエネルギー源として見直されるようになるのは、一九七〇年代の石油ショックが起こってからのことである。その後、全自動のバイオマスボイラーが開発され、チップやペレットのボイラーの販売が始まったのはようやく一九九〇年代になってからである。今からまだ約二〇年前のことである。

中小企業が多いもう一つの理由は、バイオマスエネルギーの供給が大規模集中型ではなく、小規模分散型のエネルギーであるからだろう。化石燃料や原子力によってつくりだされるエネルギーは、大規模集中型

図２　ライン川を輸送されるコンテナ。ドナウ川はこのライン川を経てヨーロッパ最大の港ロッテルダムまでつながっている。

図３　トップテックスをかぶせたチップ。トップテックスとは水を通さず湿気は通し、紫外線に強い特殊な不織布である。

である。数百万kWもの巨大な発電所が建設され、運用のための化石燃料は世界中からタンカーや専用船で、あるいは大陸を横断するパイプラインで輸送されている。そして、つくりだされたエネルギーは張り巡らされた送電線で広範囲に供給される。それと比べると、バイオマスは地産地消のエネルギーであり分散型である。地域にある里山のバイオマスを活用して、それを燃焼させて熱エネルギーをつくりだす。その熱エネルギーで発電を行うと同時に、熱エネルギーを温水の形でマイクロネットと呼ばれる小さな配管網で周辺の家庭、学校、病院などに送る。いわゆる地域熱供給である。地域熱供給の範囲は一㎞未満が多い。使用されるボイラーも数十から数百kW規模の小型や中型のものであり、そのボイラーや機器を製造するメーカーと工事会社はほとんどが中小企業である。

テンカーテ社の子会社であるジオシンテティックス・オーストリア社の工場がドナウ川に面したリンツ郊外の工業地帯にある。ヨーロッパにはライン川、ドナウ川、エルベ川など大河に面した工業地帯が多い。河川が重要な輸送路になっているからである。日本で言えば臨海工業地帯である。大陸であるヨーロッパでは古くから内陸を流れる河川が水運のために整備され、各国の工業地帯や港が水路で結ばれている。このドナウ川はリンツから東へはハンガリーのブダペストを通り、さらに黒海のコンスタンツァまで達する。リンツからは西側になる上流で、ドナウ川はライン川の支流と運河で結ばれている。ライン川の河口はヨーロッパ最大の港ロッテルダムである。黒海の港湾都市コンスタンツァから北海のロッテルダムまでが水路でつながっているのである。

今回訪問するグルーバーさんは、テンカーテ・ジオシンテティックス・オーストリア社が製造する農業資材トップテックスの事業部長である。彼がトップテックスを全世界に販売する総責任者である。受付で待っていると若い男性が階段を下りてきて、「グーテン・モルゲン（ドイツ語のおはようございます）」と私に挨拶をした。上司の代わりに私を受付まで迎えに来てくれた方かと思ったら、彼がグルーバーさん本人だった。後で知ったのであるが、グルーバーさんは当時三一歳だった。どちらかと言えば寡黙で穏和な雰囲気であり、世界をまたにかけてトップテックスを販売している事業部長には見えなかった。

商品のトップテックスとはシートである。幅が四～一〇m、長さが一〇〇～五〇〇mで、水を通さず湿気は通し、紫外線に強い特殊な不織布である。つまりゴアテックスのようなシートであるが、価格は安い。このトップテックスのラインアップにバイオマス保管シートと呼ばれている商品がある。屋外で保管しているチップや丸太にかぶせるためのものである。このシートをかぶせると、水分は蒸発するが雨には濡れない。倉庫に保管するのに比

図4　140㎥のチップの山を2つつくり、片方にはトップテックスをかぶせ、もう片方には何もかぶせないで7カ月間保管した。それぞれの水分の変化を比べた実験。

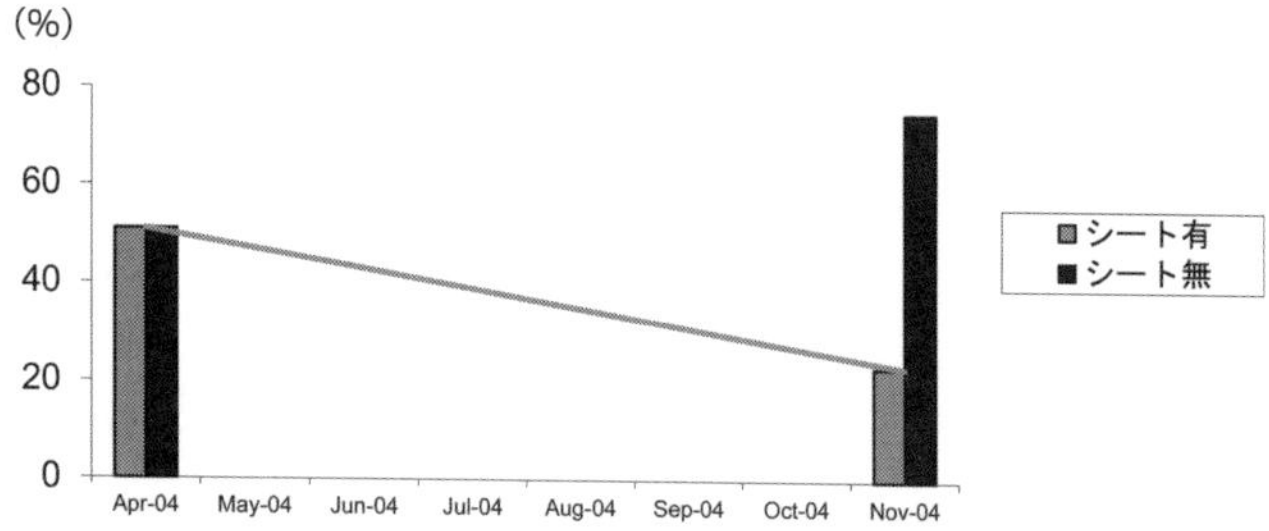

図５　含水率の比較。トップテックスをかぶせたチップの山では、４月に50%あった含水率が11月には23%になっていた。

べてはるかに安く、材料にかぶせるだけで簡単に使えるので普及している。

トップテックスは雨を防ぐだけでなく通気性があるので、チップにかぶせておけば半年ぐらいでかなり乾燥する。伐採後に破砕した木は水分を含んでいるから発酵熱が出る。その熱によりチップから蒸発する水分は不織布を通して外に出る。また、太陽からの熱によりチップから出る水分も不織布から出ていく。雨はこの不織布の表面と不織布の中を流れて落ちるのでチップを湿らすことはない。雨には濡れず徐々に水分を放出していくので半年ぐらいでチップは乾燥する。

実際にこの不織布でチップを乾燥したデータをグルーバーさんが見せてくれた。一四〇㎥のチップの山を二つつくり、片方にはトップテックスをかぶせ、もう片方には何もかぶせないで七カ月間保管した。そのあとのそれぞれの含水率を比べる実験である。トップテックスをかぶせたチップの山では、

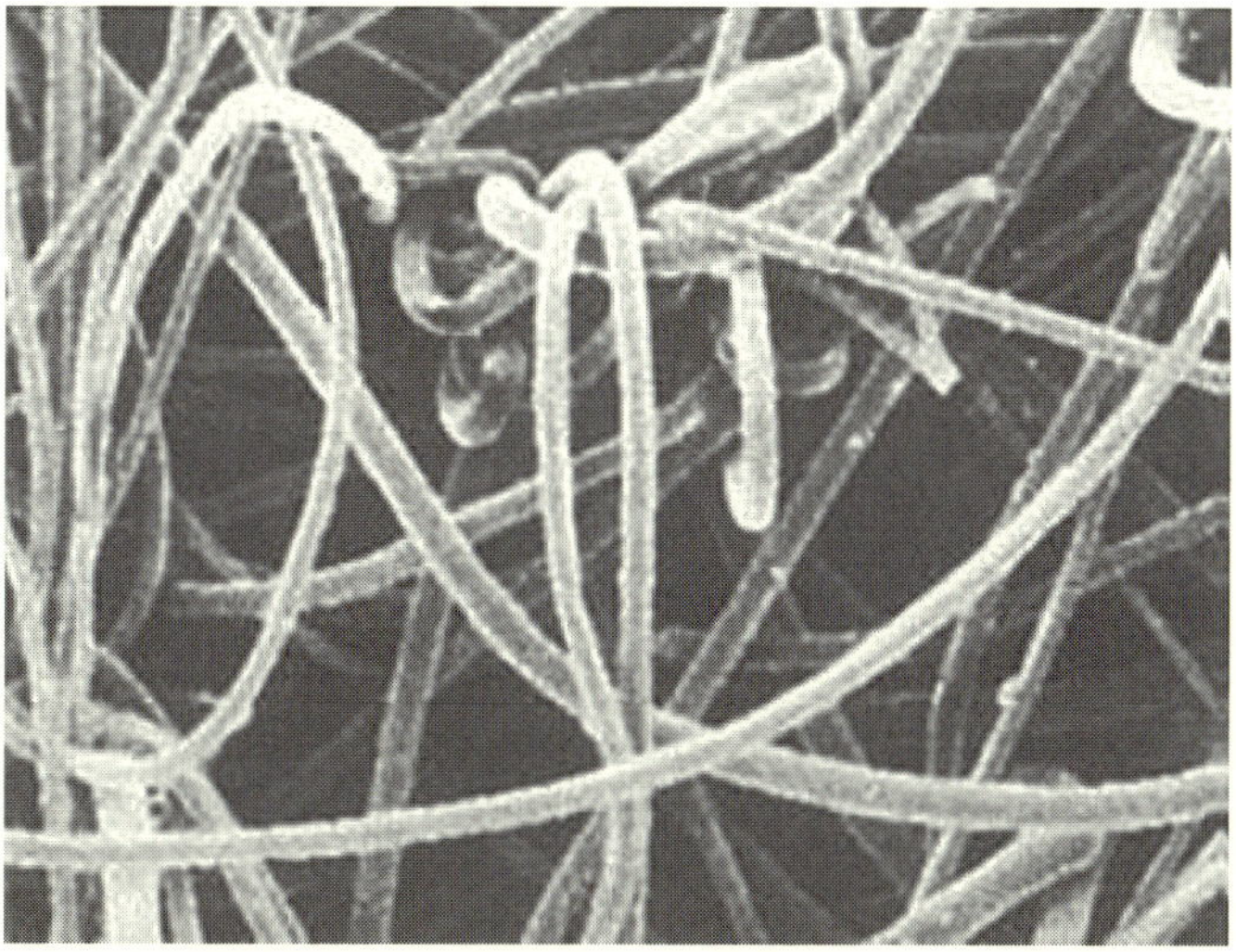

図６　不織布の構造。原料は不純物の入っていない純粋なポリプロピレンしか使わない。この原料に耐紫外線物質を加えて不織布の繊維をつくりだす。

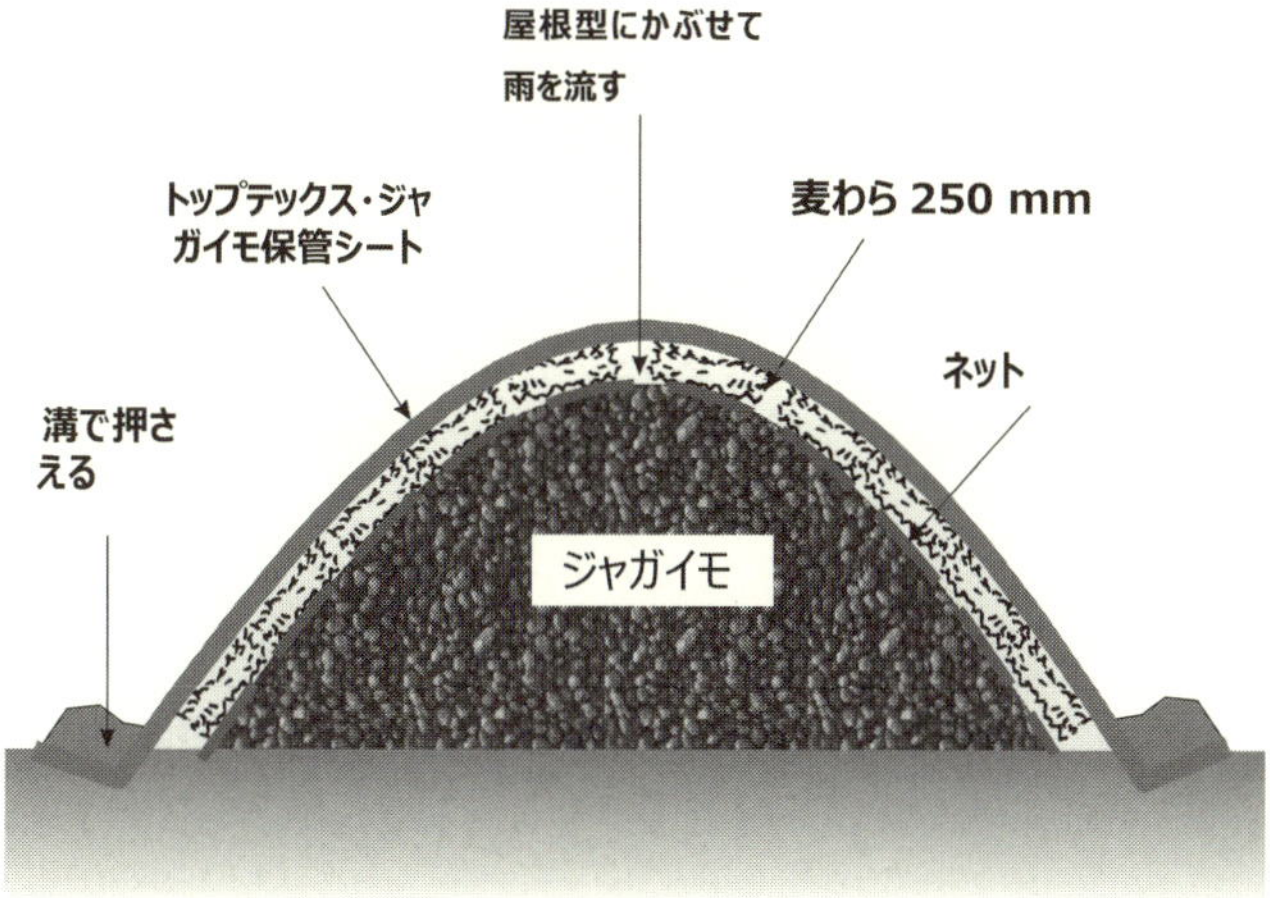

図７　農作物の保管。農作物の収穫はどうしても一時期に集中する。このシートがよく使われているのが砂糖大根やジャガイモの一時保管である。

四月に五〇％あった含水率が一一月には二三％になっていた。一方、何もかぶせないままの山のチップの含水率は七五％まで増えていた。

グルーバーさんが指摘したもう一つの特徴は不織布の丈夫さである。トップテックスは穴をあけて重ねてワイヤーや太い針金で繋いだり引っ張ったりしても、その穴からびりびりと裂けていくことのない非常に丈夫な特殊不織布である。また、屋外では風があるからシートは風に強いものでなければならない。その点、トップテックスはワイヤーや太い針金で留めることができるし、重しを置いてもよい。

不織布は一般に広く普及していて道路工事などにたくさん使われている。しかし、このトップテックスは一般の不織布とは違い、防水、通気、耐紫外線、強度のすべての好条件を満たしているそうである。その秘密はテンカーテ社の独特の製法にあると、グルーバーさんは次のように説明した。

原料は不純物の入っていない純粋なポリプロピレンしか使わない。このことがかなり重要である。この原料に耐紫外線物質を加えて繊維をつくり、この繊維で不織布をつくる。テンカーテ社の技術はエンドレス製法と呼ばれている。原料は糸状になって機械から出てくる。その糸状の繊維がエンドレスで出てくるので、一本の繊維の長さは不織布の長さよりも長い。さらに、加工の温度が低いことや独自の間隙技術があるためシートの通気率を用途に合わせて調整することができる。ここに、チップを効果的に乾燥させ、穴をあけてもびりびりに破れない強さの秘密がある。トップテックスはこの特殊製造機のあるオーストリアの工場で生産され、ここから世界中に出荷されている。

この不織布が使われているのは木のチップだけではない。屋外で保管する丸太にかぶせるほか、農作物のカバーとしても大規模に利用されている。作物を雨に濡らさず、また蒸らさずに保管するために倉庫を建設するのは高くつくが、この不織布のシートを使えば安価に農作物を保管することができる。農作物の収穫はどうしても一時期に集中する。短期間にまとめて収穫しなければならないから出荷までしばらく保管しなければならない状況が起こる。例えば、このシートがよく使われているのが砂糖大根やジャガイモの一時保管である（図7）。農作物の保管はチップよりも難しい。作物は生きているから通気性のないブルーシートをかぶせるわけにはいかない。また、その通気の程度は作物に合っていなければならない。砂糖大根に使うシートとジャガイモに使うものは、その通気性が異なるそうである。その他の使い方としては開放型の倉庫に広げて乾燥する穀物にもかける。穀物をつまみに来る鳥の糞を防ぐのが目的である。トップテックスは堆肥の屋外での保管に

図８　チップでも農作物でも上にかぶせるだけのトップテックス。注意するのはシートを屋根型にかぶせて雨が左右に流れるようにすることである。

も使われている。完成した堆肥への種の飛来を防ぎ、雨を防ぎ、湿気を保つ。ただし、おがくずや葉っぱをたくさん含んだ通気性の悪いものには向いていない。

トップテックスの使用方法はいたって簡単である。チップでも農作物でも上にかぶせるだけである。注意するのはシートを屋根型にかぶせて雨が左右に流れるようにすることである。途中で谷ができると雨水がそこに溜まる。また、雪が上に積もると通気性がなくなってしまう。屋根型に張って水が流れ落ちるようにするのがコツである。

グルーバーさんは製品の良さについ

てあまり長い説明はしない。通気性があり、紫外線や風に強く、雨を防ぐという特徴を言うだけで、あとは「一度使ってみてください」と、とにかく試してみることをすすめる。自社の製品に大変自信を持っているのだろう。

テンカーテ社はメーカーであり、製品はすべて代理店を通じて販売している。世界中から問い合わせがあるが誰にでもすぐに販売することはない。まずその国に代理店となるべき会社を探して、その会社を通じて売ることにしている。代理店の候補となった会社には、それがアフリカであれロシアであれ、グルーバーさんは必ず訪問する。直接会って話し合ってから代理店になってもらうかどうかを決めるそうである。

それぞれの国には、売り方でも製品の使い方でもその国に特有の条件があるものである。その国の代理店をよきパートナーとして、一緒に相談して活動しながらトップテックスの市場をつくるのがグルーバーさんの方針である。最近、日本の会社を訪問したと聞いている。よきパートナーが日本でも見つかることを期待したいものである。

年間一〇〇〇万㎡のトップテックスを世界に販売するグルーバーさんの休暇の過ごし方を聞いてみた。答えは意外にも旅行だった。仕事で世界中に出張していても仕事とプライベートとは別だそうである。仕事からしっかり離れるために休暇はできるだけまとめて一カ月ぐらいとると言う。責任の重いハードな仕事をこなすには、やはりワークライフバランスが大切なようである。

7章

バイオマス集積場ビジネス

林業家と消費者を木質エネルギーでつなぐ流通ルートの要

　ガーバーさんをシュタイアーマルク州にあるレオーベンのバイオマス集積場に訪ねた。レオーベンは州都グラーツから北西六〇㎞のところにある。アウトバーンを高速で走ればグラーツから車で三〇分ぐらいの距離である。歴史的には鉄鋼の町として発達し、オーストリア唯一の鉱山大学がある。シュタイアーマルク州では森林が面積の六一％を占めている。日本の森林面積の割合が六六％であるからほとんど同じくらいである。車で走っていても周りに山並みが見え、日本の景色とよく似ている。

　オーストリアのシュタイアーマルク州にはバイオマス集積所が九カ所あり、レオーベンはその一つである。ガーバーさんはレオーベンのバイオマス集積所の代表であり、九カ所

図１　レオーベンの町。周りに山が連なり、日本の景色と大変似ている。

のバイオマス集積場の上部団体であるシュタイアーマルク・バイオマス集積場協会の会長でもある。

レオーベンのバイオマス集積場は国道から一〇〇ｍほど入ったところにあった。山のように積んである木と集積場のロゴが目に入り、すぐに見つけることができた。敷地の中に入ると集積場は広く、丸太やかごに入れた薪がたくさん積んであり、大きな倉庫の中にはチップや薪が保管してある。ところがいくら探しても事務所が見つからない。建物としては大きな倉庫しかない。その隅に壁で囲まれたスペースがあったが、それは暖房のある休憩所だった。作業をしている人にガーバーさんはどこにいるのかと尋ねると、工事現場でよ

図2　レオーベンのバイオマス集積場。集積場は広く、丸太やかごに入った薪がたくさん積んである。

く見かける小さなコンテナに案内してくれた（図10）。まさか車両の重量を測るコンテナがバイオマス集積場の事務所であるとは思わなかった。中ではガーバーさんが待っていた。狭いコンテナ事務所の中にはチェーンソー、パソコン、乾燥機、秤《はかり》、机、椅子が所狭しと並んでいた。事務所兼作業場であった。

バイオマス集積場の母体は、すべての林業家が会員となっている森林協会である。林業家と消費者を木質エネルギーでつなぐ流通ルートをつくるために考え出された

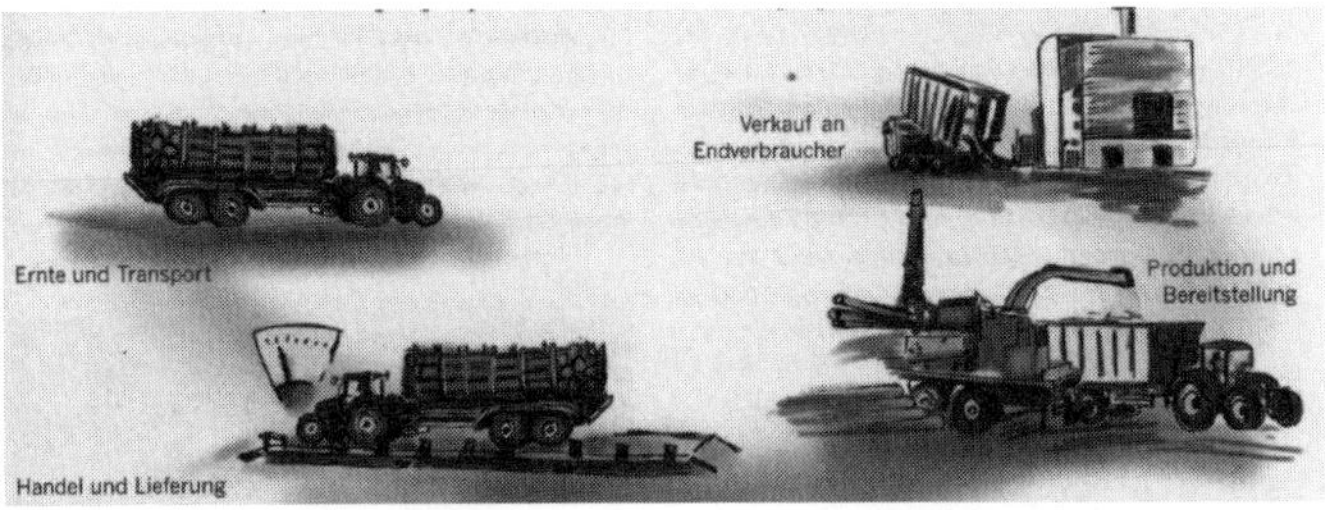

図３　バイオマスの収集から納品まで。森の中にある未利用の残材などを購入し、それを乾燥させてチップや薪として販売することがバイオマス集積場の事業である。

システムがバイオマス集積場である。林業では、製材用の丸太を取った後に残る林地残材や間伐材が大量にでる。それを分別、処理、乾燥してバイオマス集積場を通じて木質エネルギーを求めている消費者に提供するのである。レオーベンの林業家数は約三五〇、所有する森林面積は約一万ha、森林の年間成長量は一〇〇〇万㎥である。現在、経済的に利用されているのはまだそのうちの六〇%。森の中にある未利用の残材などを購入し、それを乾燥させてチップや薪として販売することがバイオマス集積場の事業である。

伐採直後の木は含水率が五〇%以上ある。約二年かける自然乾燥により含水率を二五%ぐらいまで落としてから、それをチップや薪にして販売している。販売先は薪ストーブや小型ボイラーのある家庭から大規模な熱電併用供給施設まである。大型燃焼装置には含水率が三〇%ぐらいでも販売できる。原料になるのは丸太だけではない。品質は劣るが、葉や小枝

図４　林道のわきに積んである状態で木を売買する「林道渡し」。林業家は森からの間伐材や林地残材を林道際に積んでまとめておけば集積場がトラックで引き取りに来る。

がついた残材も燃料にできる。例えば、送電線の敷設工事があるとそのルートの木はすべて伐採され、太い丸太は製材用に搬出されるが小丸太や枝条など林地残材が森に残る。バイオマス集積場ではそれらもすべて引き取ってチップにしている。小枝や葉を含んだものは低品質になるので安くしか売れないが、無駄になるものは何もない。

エネルギーになる原料の木は林業家が集積場に持ち込む場合もあるし、集積場が森に引き取りに行く場合もある。森に引き取りに行く時は「林道渡し」という取引条件がある。これは林道のわきに積んである状態で木を売買する形である。林業家は森からの間伐材や林地残材を林道際に積んでまとめておけば、後は集積場がトラックで引き取りに来る。ある程度乾燥していればその場でチップにしてトラックに積む。林道渡しの価格は絶乾重量トンで約六〇ユーロ（約八四〇〇円）である。引き取った木の重さは、集積場にあるトラックごと乗ることができる大きな車両重量計で測る。丸太の含水率は木の一部をチェーンソーでカットしてそのおがくずで測り、チップはそのままの状態で測る。

森の木の売買ではトラックに積んだ状態で全体の容積から換算して量を出すことがある。しかし、ガーバーさんたちは重量と水分の正確な測定が品質と信頼のベースになると考え、車両重量計と乾燥機により重量と含水率の測定を行っている。測定結果はすべて記録されて書類として保管される。ガーバーさんは、この信頼性のある品質管理をバイオマス集積場で最も重要視している。

含水率は次のように測定する。まず、弁当箱ぐらいのアルミのトレイにおがくずやチップを入れてその重量を測定する。次にそれを乾燥機に入れ、含水率がゼロになるまで熱で乾燥させる。その重量をもう一度測り、減った分が含まれていた水分である。水分を最初に測定した重量で除したものが含水率（湿量基準含水率）となる。熱乾燥に時間はかかるがシンプルで安価な方法である。正確に測定することが大切である。小さなコンテナ事務

図５　水分の測定。１．アルミのトレイにおがくずやチップを入れてまずその重量を測定する。２．乾燥機に入れ、含水率がゼロになるまで熱で乾燥させる。３．乾燥後の重量を測る。４．重量の減った分が含まれていた水分である。

Biomassehof
STEIERMARK

図６：バイオマス集積場のロゴマーク。信頼の品質のしるしである。このマークのあるところはどこでも同じ品質管理をしている。

図7　バイオマス集積場が販売している商品。左：チップ（サイズの種類：小～中、含水率の種類：25～35%）、中：小枝を含んだ低質チップ、右：薪（長さ：100㎝、50㎝、33㎝、25㎝）

所の中に置いてあったチェーンソーは、森から運んできた丸太をカットしておがくずをつくるためのものであった。チェーンソーの下には袋がつけてあり、おがくずは飛び散らずに袋に入る。

販売するチップや薪も、同じように含水率を測定して品質を確認してから出荷する。含水率は重さやエネルギー値に直結する最も重要な基準になるからである。購入金額も販売金額も含水率に基づき明快である。バイオマス集積場のロゴマークは品質と信頼のしるしになっており、このマークのあるところはどこでも同じ品質管理が行われている。林業家は正確な重量計量と含水率測定から算出される金額に納得するし、消費者は購入するチップや薪の水分がはっきりわかり安心して買える。ガーバーさんは品質に一番力を入れ、各地のバイオマス集積所の社員の研修を行っている。見ただけではわかりにくい原料の木や販売するチップ・薪の品質を数字で「見

図8　時間契約のチッパー。木を破砕するチッパーは所有しないで、必要に応じて移動式チッパーを時間契約して破砕をしている。

える化」したバイオマス集積所は、林業家からも消費者からも信頼を得ている。

販売先は個人の住宅から中小のボイラーを備えている工場や地域熱供給所まである。大きな燃焼機で発電をしながら熱も利用するいわゆる熱電併給の施設にも乾燥チップを販売している。一〇～二〇MWの大きな発電施設の燃焼機では水分が多くても低質のチップでも燃焼可能であり、引き取ったすべての材料を売るための大切な販売先である。

このバイオマス集積所の運営にはガーバーさんたちの長年の経験、研究、試行錯誤から生まれたノウハウが詰まっている。あまりお金をかけずに森の残材を処理して高品質のエネルギー製品を生み出すノウハウである。事務所がコンテナであることからもわかるように、ここでは施設にお金をかけていない。大きな施設や設備は倉庫、コンテナ事務所、運搬機、トラック、車両重量計ぐらいである。木を破砕するチッパーは所有しないで、必要に応じて移動式チッパーを時間契約で借りて破砕をしている。この優れた方式を取り入れようとする問い合わせは国外からもあり、ガーバーさんは外国でもバイオマス集積場運営の指導を行っている。

シュタイアーマルク・バイオマス集積場協会の主な役割は、各地のバイオマス集積場に働く人たちの研修と集積場の広告宣伝である。働く人たちの研修により製品の品質をどこでも同じように保つことができる。そのことがホームページやパンフレットでも説明してある。ロゴはすべてのバイオマス集積場で共通であり、品質を示すブラントになっている。

集積場の母体である森林協会には、森の手入れや木の販売の委託を受ける有限会社形式の別組織がある。ガーバーさんはそこにも属している。その有限会社の林業工学の部門の活動も重要な仕事だと、ガーバーさんが説明してくれた。森は世代を受け継いで所有している人が多い。その中には林業に詳しくない人たちも少なからずいる。林業工学部門は森林管理の専門家集団として、以下のような助言、調査、具体的な提案を行う。まず最初は、所有者と一緒に森を回って現況を確認し、それを基に専門家が伐採や手入れの計画、その

図９　バイオマス集積場の母体である森林協会の林業工学部門は、森林管理の専門家集団として助言、調査、具体的な提案を行う。

図10　ガーバーさんが仕事をしているコンテナ事務所。無駄を省いたシンプルなつくり。屋根の上にロゴマークの看板、コンテナ前には車両重量計がある。

予算と売上予想額などをまとめる。森の所有者はそれを見て計画を選択することができる。次は施業リストの作成である。最初にまとめた資料を基につくるもので、これから必要な、あるいは推奨される施業が緊急度順を記して時系列にまとめてある。三つ目は三カ月に一回の現場のチェックである。結果は写真をつけて所有者にオンラインで送付される。四つ目は輸送や事務手続きの委託である。これには伐採や木の販売まで含まれることもある。この有限会社の計画や提案には森林のマテリアル利用、エネルギー利用、環境保全が組み込まれていて、森林資源が総合的、持続的に利用されることを目指している。

シュタイアーマルク・バイオマス集積場協会の会長でもあるガーバーさんのところには、日本からの視察団の訪問もある。その時の話し合いを通じてガーバーさんがこれからの日本でのバイオマスエネルギーの普及について個人的に感じていることを、最後に話してくれた。ガーバーさんが聞いた、日本の林業の抱える大きな問題は次の三つである。

①私有林の所有規模が小さく所有者の数が多い、②林道が整備されていない、③木材産業が低迷している。

ガーバーさんは、木質バイオマスをエネルギーとして普及させるためには何よりも木材産業を盛んにしなければならないと考える。森林は木材産業があってこそ手入れが行われ木が搬出がされる。それに付随してエネルギー用途になるものも搬出されるのが経済的にも効率がいい。一本の木が材木やパルプや合板や家具になる時には、使われない部分が非常にたくさん出る。それを無駄にしないでエネルギーに使うのがベストの方法だと、ガーバーさんは強調する。日本が抱える大きな課題を感じながらコンテナ事務所を後にした。

8章

自由化後の電力市場と自然エネルギー

電力会社は消費者が選択する

ヨーロッパでは、一九九〇年代から電力市場の自由化が始まっている。オーストリアでは二〇〇一年に電力と天然ガスが自由化され、各家庭では電力会社を選択して契約することになった。選択の基準になるのは価格やサービスだけではない。消費者のエネルギーに対する考え方も、電力会社の選択を大きく左右する。電力会社の広告を見るとそれぞれの主張が面白い。「クリーンで安い電気」「ファーストクラスのエネルギー」「ありがとう、水力」「自然エネルギー」「万全のサービス」「エコ電気」「再生可能エネルギーを保証」「エネルギー転換はワンクリック」などと各社の特徴が表現されている。一〇〇%水力で発電している電力会社、再生エネルギーだけの電力会社、ウェブ契約をすすめる電力会社

図１　エネルギーAG本社ビル“パワータワー”。リンツの中央駅前でひときわ目立つガラス張りの19階建て。外壁のガラスに700㎡もの太陽光発電パネルを組み込み、冷暖房に地中熱を利用する再生可能エネルギーの新しい技術を取り込んだ話題の建物である。

エネルギーAGの電力表示

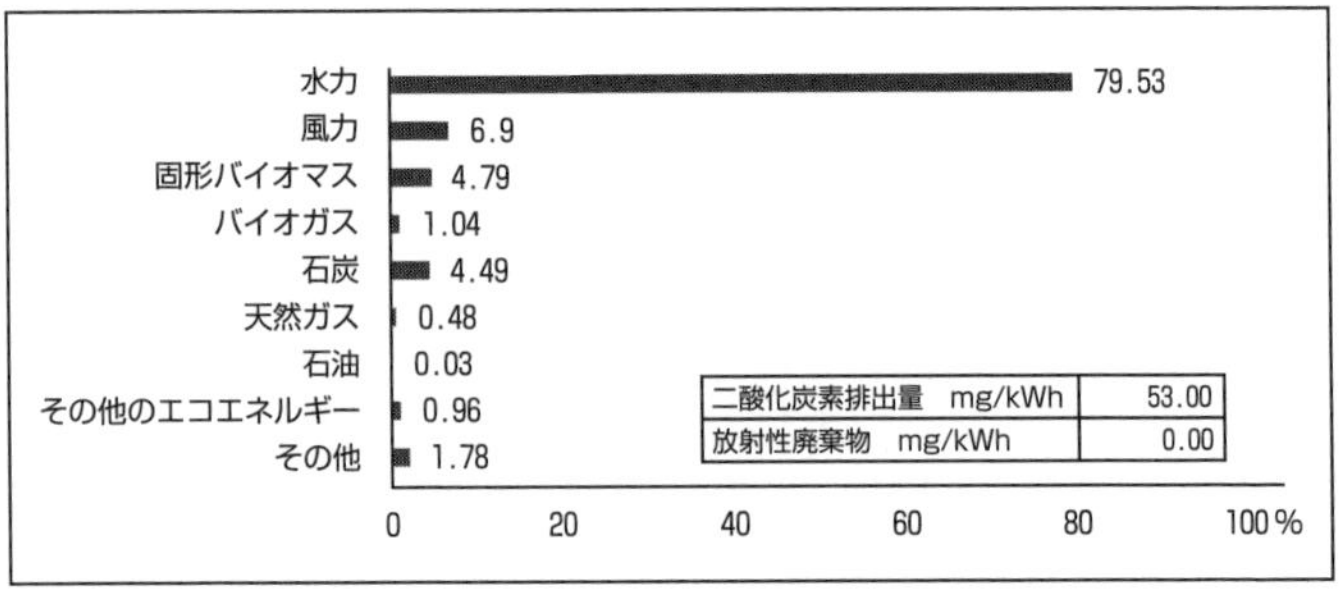

AEE社の電力表示

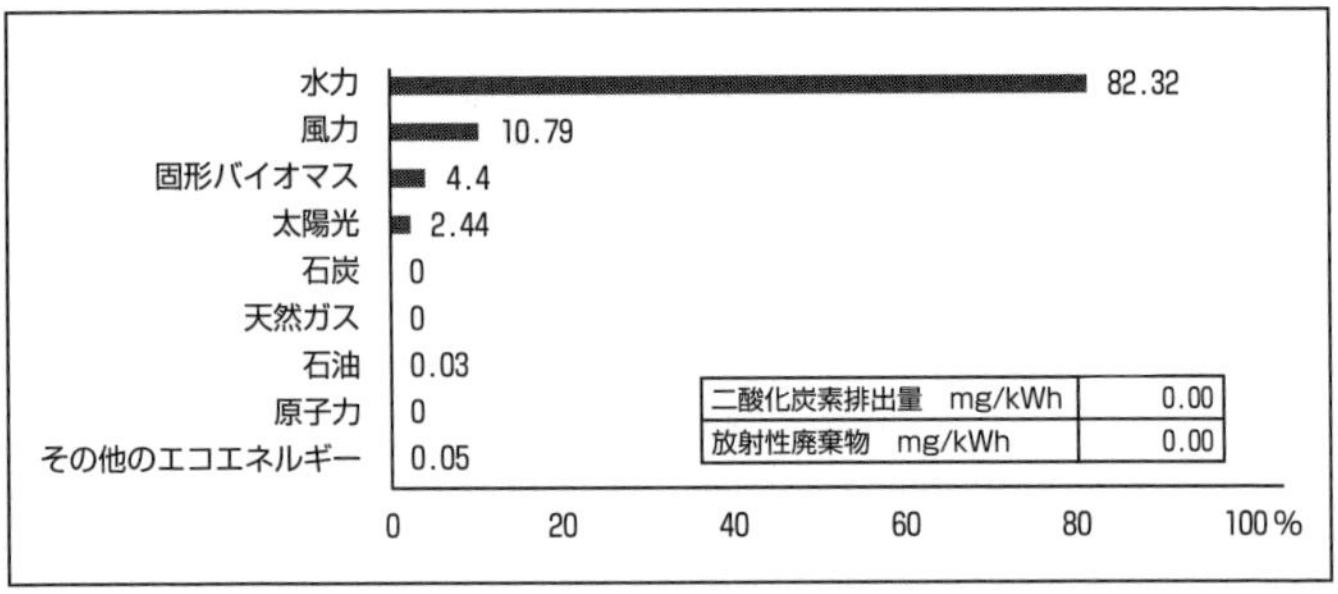

図2　電力会社2社の電力表示。電力会社には水力、火力、バイオマス、風力などをどんな割合で用いて発電しているか表示する義務がある。この電力表示は各社の価格表に記載されている。

図３　省エネメッセ。アッパーオーストリアで開催されるこのメッセには、6万m^2を超える会場に10万人の人々が詰めかける。エネルギーAGも大きなスタンドを構えていた。

など、実に多様である。

　オーストリアで自由化が行われた時、市場での競争原理を推進しながらエネルギーの安定供給と持続性を維持するための組織として、エネルギー・コントロール・オーストリア（通称：Ｅコントロール）が創設された。この組織は政治的、財政的に中立とされ、エネルギー・コントロール法に基づいて活動している。Ｅコントロールが発表している資料の一つに、全電力会社の発電エネルギー源の内訳一覧がある。そこには電力会社が水力、火力、バイオマス、風力などをどんな割合で投入して発電しているかがパーセントで示してある。発電に伴う環境負荷として発電一kWh当たりの二酸化炭素の排出量と放射性廃棄物の量も出ている。例えば、エネルギーAGとAEE社のデータは図2のようになっている。

この情報は電力表示と呼ばれ、電力会社には表示義務がある。各電力会社の価格表にはこの電力表示が棒グラフと数字でわかりやすく載っている。

今回、話を聞くのはこのエネルギーAGのヘルマンさんである。エネルギーAGの前身は、アッパーオーストリア州立の電力会社であった。現在でもエネルギーAGの株は州が五二・五％所有している。売り上げは一八億ユーロ（約二五〇〇億円）あり、四四〇〇人の社員が働いている。二〇〇八年にはパワータワーと呼ばれる本社社屋が完成した。リンツの中央駅前でひときわ目立つガラス張りの一九階建ての高い建物である。パワータワーの外壁のガラスに七〇〇㎡もの太陽光発電パネルを組み込み、冷暖房に地中熱を利用するなど再生可能エネルギーの新しい技術を取り込んだ話題の建物である。

ヘルマンさんは、カスタマーサービスの部門に所属している。二月に省エネの見本市がアッパーオーストリアで開催された。一五の国から八〇〇社が出展する大きな見本市である。テーマはエネルギーだけでなく建築や設備にも及んでいる。エネルギーAGも大きなスタンドを出していた。そこにヘルマンさんを訪ねることになった。

	電気使用料	送電費用	電気賦課金	エコ電気促進賦課金	電熱併給促進賦課金	計	計（消費税込）
電力料金（家庭用）円/1kWh	11	6	2	2		21	26
基本料金円/年	2,520	2,688		5,312	175	10,695	12,835

エネルギーAGの電力価格（1ユーロ＝140円で換算）の内訳

まず、電力価格について教えてもらった。電力価格はいくつもの部分から構成されていてわかりづらい。日本と同じである。エネルギーAGの電力料金は二〇％の消費税を含み一kWhが約二六円になる。これに年間で一万二八三五円の基本料金が加算される。上の表の電気使用料（電力料金＋基本料金）は電力会社によって異なる。そのほかの送電費用と賦課金はすべての電力会社で同じである。

電熱併給促進賦課金は、熱と電力を併せて供給するシステムを促進する目的で、二〇一五年二月から年間一・二五ユーロ（約一七五円）が徴収されることになった新しい賦課金である。電熱併給システムでは、燃料となるバイオマスなどの熱エネルギーを使って発電を行い、電力と熱の両方の供給を行う。既存のエコ電気促進賦課金に加えて熱エネルギーの直接利用をさらに進めようとするものである。電気は便利なものであるが、熱エネルギーを電気に変えてそれをもう一度熱エネルギーに変えて使うのはあまりにもロスが多い。熱エネルギーを熱のまま使う直接利用は理にかなっている。

ヘルマンさんは、エネルギーAGが持続的な社会や環境のために電力だけでなく幅広く活動していることと、顧客に対するきめ細かいサービスを提供していることを強調している。ホームページを開くと大きな文字の「私たちは電力だけではありません」というキャッチコピーが目に飛び込んでくる。エネルギーAGは電力、ガス、熱、水の供給からごみの回収まで行っている。エネルギーとしては電気と天然ガスと熱を供給している。主な供給エリアはアッパーオーストリア州であり、四五万の顧客にエネルギーを販売している。自社の発電所や発熱所は五八カ所ある。水力発電、火力発電、再資源化施設、大型太陽光発電である。そのほかにも、各地にある市民の小型太陽光発電から電気を購入している。

ごみ回収は「環境サービス」のブランド名で、オーストリアの各地でサービスを提供している。地域のごみ集めだけでなく産業廃棄物やイベントのごみ回収まで扱っている。大きなイベントになると、大量に出るごみの回収もイベント計画の重要な部分となる。オーストリアはウィンタースポーツが盛んであり、その経済的な役割も大きい。ちなみに、キッツビュールで行われるスキーのワールドカップのごみ回収はエネルギーAGの担当である。世界中から集まる人々にきれいで清潔な町と会場を提供しようと国際スキー連盟（FIS）のパートナーとしてごみ回収を一手に引き受けている。夏には南オーストリアのフ

図４　スキーのワールドカップのごみ回収はエネルギーAGの担当である。世界中から集まる人々にきれいで清潔な町と会場を提供しようとFISのパートナーとしてごみ回収を一手に引き受けている。

ァーカー湖畔でハーレーダビットソンのヨーロピアン・バイク・ウイークがある。エネルギーＡＧではそのごみ回収の準備と計画が春から始まっている。

省エネの見本市には電力会社がもう一社出展していた。フェアブントＡＧである。キャッチコピーは「クリーンで安い電気！」である。この会社の特徴はわかりやすい。エネルギー源はすべてオーストリア国内の水力発電で、二酸化炭素の排出量はゼロ、放射性廃棄物もゼロである。電力価格も安い。エネルギーＡＧでは一kWh七・七セント（約一一円）する電気使用料の電力料金部分が、フェアブントでは五・六九セント（約八円）である。送電費用と賦課金はエネルギーAGと同額である。

フェアブントのパンフレットには二人のユーザーの声が紹介してある。「自然、環境、資源を誇りにできる国で子どもを育てたいわ。水力一〇〇％のフェアブントは自然を守るだけでなく人間も守ってくれます」という母親の言葉と小さな娘との写真がある。もう一人はパソコンの前に座る男性の写真とそのコメント。「電力会社の変更は簡単だね。オンラインで記入して送信するだけで完了したよ。後はフェアブントがすべてやってくれる。これがサービスというものだね」。細やかなサービスを売りにするエネルギーAGに対して、フェアブントはクリック一つで契約ができることを強調してウェブ契約の料金も設定している。何をサービスと考えるか消費者が選ぶところである。

フェアブントは一九八八年に上場され、株の五一％は連邦政府の所有になっている。ヨーロッパで有数の水力発電の会社であり、フェアブント・コンツェルンと呼ばれ、発電、送電、電力取引も行っている。売り上げは三二億ユーロ（約四五〇〇億円）、社員数は三〇〇〇人である。

人気のある電力会社の一つにアルペン・アドリア・エネルギー（AAE）がある。アル

図５「自然、環境、資源を誇りにできる国で子どもを育てたいわ。水力100%のフェアブントは自然を守るだけでなく人間も守ってくれます」という母親の言葉がフェアブントのパンフレットに紹介されている。

図６　フェアブントはクリック一つで契約ができることを強調している。

ペン・アドリアとは、北はオーストリアのアルプス山脈から南はイタリアやクロアチアが面するアドリア海の間の地帯を指す。ハンガリーやスロベニアも含まれる。この地帯では国境を越えて交通、エネルギー、農林業、観光、環境、開発、大学、文化の分野での協力と交流の仕組みがある。

ＡＡＥは、この地帯に自然エネルギーによる発電所を増やすために一九九八年に設立された電力会社である。化石燃料や原子力への依存を減らし、自然エネルギーへの転換促進に積極的に貢献することを目的にしている。ＡＡＥは、供給するエネルギーが一〇〇％再生可能エネルギーであることを顧客に保証している。電力使用のピーク時に対応するために、発電用の貯水湖も所有している。小水力、風力、バイオマス、太陽光の多数の小さな発電所もこの会社の設立に参加した。

ＡＡＥは化石燃料や原子力から再生エネルギーへの転換に積極的な行動をとることを呼び掛けているだけあって、顧客との結びつきが強い。また、電力供給のパートナーとして太陽光、風力、小水力、バイ

図７　AAEにはパートナーとして数多くの小さな発電所が参加している。写真上左から:バイオマスの発熱所1,500kW、風力発電所560kW、水力発電所460kW。写真下左から：太陽光発電6kWp、発電用貯水池、水力発電所220kW。

図８「わたしたちはAAEの自然エネルギーを使っています」と書かれたプレート。右の写真はプレートを掲げたパン屋さんである。プレートは商店だけでなく会社や工場でも掛けられ、電力に対する考えをアピールしている。

オマスなどの電力供給元を募集している。ホームページではその電力供給元が紹介されている。

ＡＡＥは「わたしたちはＡＡＥの自然エネルギーを使っています」と書かれた木製のプレートを提供し、ＡＡＥの電気を使っている店や会社では、そのプレートを掲げて自然エネルギーの使用をアピールしている。

ＡＡＥの電気料金はやや高めである。エネルギーＡＧでは一kWh七・七セント（約一一円）の電気使用料の電力料金部分が、ＡＡＥでは標準料金で七・九セント（約一一円）、小水力発電料金では八・三セント（約一二円）になる。

先日、知人がオーストリアに赴任し賃貸マンションを契約した。鍵を受け取って入居する時に不動産会社から、「電気は電力会社と契約してください」と言われた。しかし、初めて住む国である。電話番号を調べようにも電力会社の名前さえわからない。困って役場に電力会社の連絡先を聞いたところ、「電力会社は何社もあるのでご自分で選んでください」と言われたそうだ。オーストリアでは自分で選択しなければ電力の契約ができないのである。電力会社による地域独占が一般的な日本と違い、知人は赴任していきなり電力の自由化を体験した。

9章

「エネルギー林」を栽培する

農業会議所普及指導員に聞く

マイアーさんは、グラーツ市にある農業会議所でエネルギー林の普及を担当している。エネルギー林とは、成長の早い木を栽培して数年で燃焼用に伐採する木の畑である。持続的に木質エネルギーを供給する方法の一つとして大変注目されている。

木とは何十年もかけて森や林で成長するものと思っていたので、植えてから短期に野菜のように収穫することがはたして成り立つのか、日本にはない林業だけにエネルギー林の存在は半信半疑であった。これは林業なのか、それとも農業なのだろうか。実際に確かめるのが一番である。『バイオマスは地球を救う』（アウグスト・ラッガム著、西川力訳）でマイアーさんが農業会議所のエネルギー林担当であることを知っていたので、一度会って

図１　123mの高台に残るかつての城塞から見たグラーツの旧市街。「建築の宝石箱」の名前を持つ町。写真の中央に見える大きな建物は市庁舎である。その前は中央広場と呼ばれ、街の中心地になっている。

話を聞きたいと思っていた。

ちょうどほかの用事でグラーツに行った時に、マイアーさんには失礼な話だが、予定していた用事がキャンセルになって時間が空いたので、「これからお伺いしたいのですが、ごく短時間でいいのでエネルギー林のことを教えていただけませんか」と電話で頼んでみた。面識もなく事前連絡もなしにこれからすぐに行きたいとはまことに非常識な申し入れであったが、マイアーさんからは短い時間ならいいですよと優しい返事が返ってきた。場所を聞いてすぐにホテルを出た。歴史的な建造物が立ち並ぶグラーツの街の中を農業会議所へ急いだ。

グラーツの旧市街は世界遺産に登録されている。世界遺産に選ばれた理由は、この町に豊富に残る歴史的建造物である。グラーツは「建築の宝石箱」と呼ばれているように、街を歩くとゴチック様式、ルネッサンス様式、バロック様式の立派な建物が次々と現れる。古い建物ばかりではなく、美術館クンストハウスのような超現代建築もある。農業会議所もこの旧市街にありギリシャ風の堂々たる外観の建物である。一階のホールの受付でマイアーさんの部屋を教えてもらって二階へ上がった。重厚な外観とは異なり、建物の内部は白を基調にした明るくてモダンなデザインであった。

オーストリアの農業会議所は、農林業を代表する法律に基づく組織である。農林業に従事するすべての人がその構成員となっている。農家や林家に幅広いサービスを提供している。マイアーさんの所属は栽培課である。

突然の訪問を受け入れてもらったお礼もそこそこに、すぐにエネルギー林の話に入った。私が知りたいことにたくさん答えていただき、さらにマイアーさんたちがまとめた資料ももらった。教えてもらったことや資料の内容は次のようになる。

◉植えるのは一回、収穫は一五～二〇年続く

エネルギー林とは、バイオマス収穫量の多い、早生の樹木の林である。植える場所は農

エネルギー木の種類

	ヤナギ	ポプラA種	ポプラB種
伐採期	3年	2年	5年以上
植え方	2条	1条	1条
挿し木数/ha	13,000-16,000	6,000-8,500	1,000-2,000

地を利用することが多い。植える樹木はエネルギー木、耕地木、プランテーション木、ショートローテーション木などと呼ばれている。具体的にはポプラ、ヤナギ、シラカバ、ハンノキ、マロニエ、ニセアカシアなどであり、切り株からまた芽を吹く早生の落葉樹である。化石燃料が普及するまでは、オーストリアでもいわゆる里山から燃焼用の木を取り出していた。いわゆる里山エネルギーである。今日のエネルギー林の営農／営林も当時の里山の管理と似ているところがある。

◉エネルギー林栽培の技術指導

マイアーさんたちはエネルギー林を始める農家に栽培地の選定、品種の選択、植え方、手入れ、肥料、害虫対策など農地の選定から収穫に至るまで細かな技術指導をしている。

エネルギー林は、収穫が一五〜二〇年は続くので、栽培地の選定と品種の選択が重要となる。栽培地がそれまで農地として使われていたところであれば、ポプラやヤナギが向いている。ただし、水以外にリン酸とカリウムを含むことが大切な条件であるため、事前の土壌検査は欠かせ

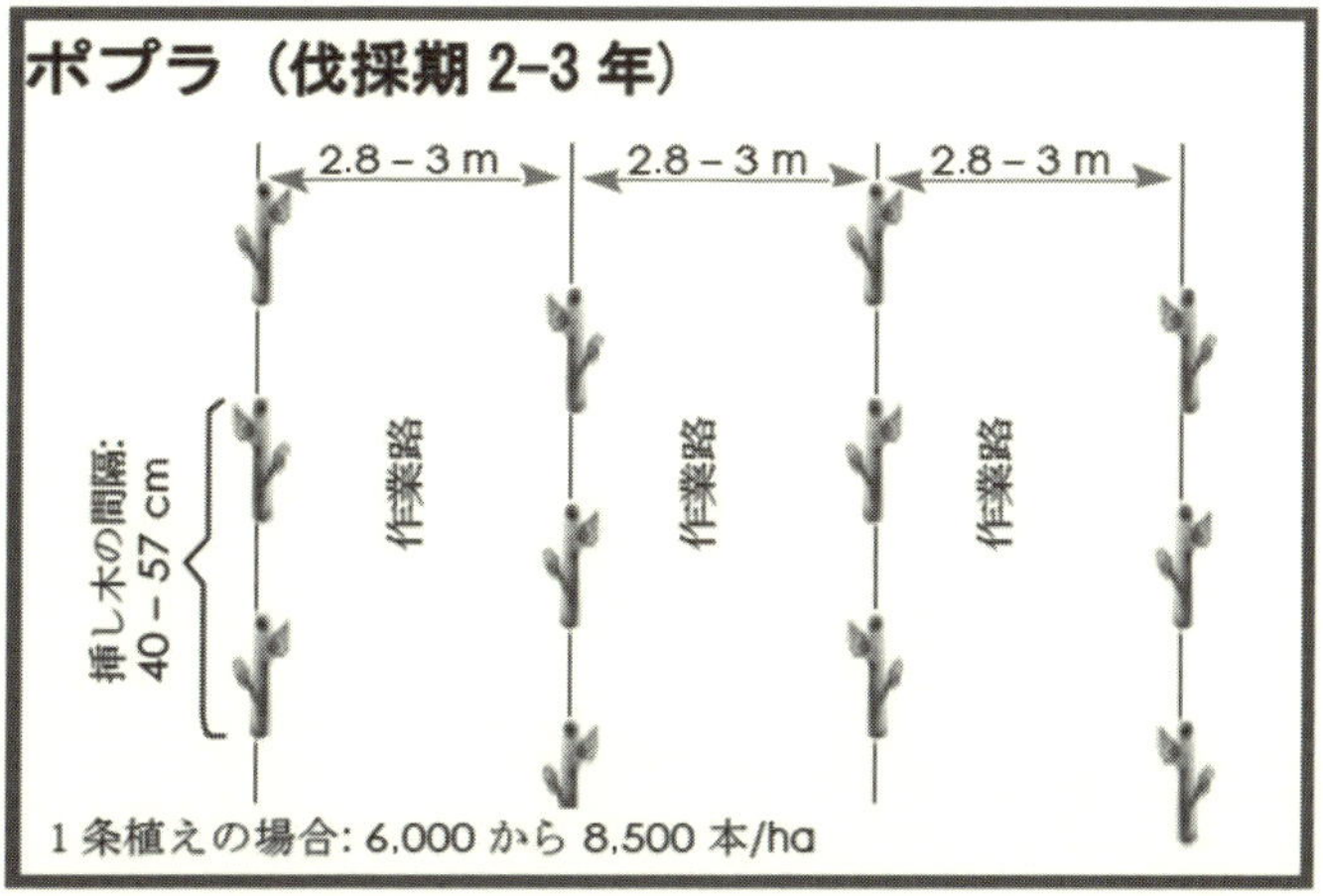

図２　挿し木の間隔。ポプラの１条植えであれば挿し木の間隔は40〜75㎝、条の間隔は2.8〜3mとする。１haには6,000本から8,500本を植えることができる。

図３　３カ月目に入ったポプラ。エネルギー木はいわゆるローインプットと呼ばれる手間のかからない種類に属するが、植えてからしばらくはそうではない。根が伸び始める時期に雨が降らなければ灌水を行わなければならない。６ カ月くらいまではまだ弱いので目が離せない。

ない。水は十分な降水量があり、保水力のある土壌であればよい。

エネルギー木として選ばれている樹木は根の力が非常に強いので、地表から四mぐらいの深さの水にまで根が届く。穀物などの栽培には適していないところでも、エネルギー木であれば十分な収穫量を得ることができる。小石の多い採石場の跡地や浸食のある農地でも可能である。しかし、水とリン酸とカリウムは欠かせない。根が伸び始める――根が五～一〇cmぐらいまで伸びる――最も大切な時期である五月ごろに降水がなければ灌水も行わなければならない。

植え方は挿し木である。栽培面積が広い場合は機械で植えるが、そうでなければ手で植える。ジャガイモを植える機械を応用することもできる。挿し木をする時期は二月から遅くても五月までである。一条植えをすることが多い。ポプラの一条植えであれば、挿し木の間隔は四〇～七五cm、条の間隔は二・八～三m、一haには六〇〇〇本から八五〇〇本を植えることができる。芽が吹いてくるまで約三～四週間かかる。その後、六カ月くらいまで若い木はまだ弱いのでよく観察する必要がある。


◉収穫（伐採）にはコンバインのような機械を使う

収穫の時期は、葉が落ちた一一月以降三月までである。葉が付いている間に伐採すると、樹木の生命活動を中断することになり枯れることもある。伐採方法は次の三種類あり、植える時から伐採方法を決めておくのがよい。

①チェーンソー

二人一組となって作業をする。一人は木の根元近くからチェーンソーで切る。もう一人は木の倒れる向きをそろえる。倒した木はフロントローダーの付いたトラクターなどで集めてからバイオマスの集積所へ運ぶか、そのまま秋まで置いておく。木を扱う時には、積み降ろしや移動をできるだけ少なくするのが鉄則である。木は重いし嵩もある。移動は手間と費用がかかるから最小限度にしなければならない。これは大切なコスト管理である。伐採時には五〇～六〇％あった含水率も秋まで置いておくと下がってくる。それを移動式のチッパーでチップにしてユーザーに納品する。チェーンソーでの伐採は手間がかかるが、比較的小さなエネルギー林に向いた方法である。

②林業機械

伐採期が七年を超え幹が太くなっている場合には、ハーベスタなど従来からの林業機械を用いる。集めた木の中から製材などの材料として使えるものは取り出し、残ったものはすぐに、あるいはしばらく寝かせた後に納品する。チップにして納品することもある。

図４　伐採チッパーからトラックの荷台に噴き出されるチップ。伐採チッパーは1つの工程で伐採とチップ化ができる便利な機械。トラックに入ったチップはそのまま納品できるので無駄な手間がかからない経済的な伐採方法である。

③伐採チッパー

この機械は一つの工程で伐採とチップ化ができる優れものである。日本で普及している稲刈りと脱穀を一つの工程で行う農業機械コンバインと似ている便利さだと思った。伐採チッパーは、一時間で一haのスピードでエネルギー木を伐採してチップにする。チップは並んで走るトラックの荷台に噴き出される。効率が高く作業が早く安価な方法なので、最も普及している伐採方法である。しかし、この方法は伐期が数年のものしか使えない。幹の太さに一二cmから一四cmまでという制限があるからである。また、斜面には向いてい

1ヘクタール当たりの1年間の収穫量(ポプラとヤナギ)

トン：絶乾重量

品種	限界地	標準地	最適地
ポプラ	7-10トン	12-15トン	16-25トン
ヤナギ	7-12トン	12-14トン	15-25トン
伐採時にチップにすると次の容積になる：　㎥：チップの容積			
	45-60㎥	60-90㎥	90-120㎥

ない。

◉電力会社と販売契約をする

シュタイアーマルク州において電気とガスを供給しているのはシュタイアーマルク・エネルギー会社である。この会社は拡大が期待されているエネルギー林の普及を援助している。シュタイアーマルク・エネルギー会社は生産者と購入契約を結び、エネルギー林からのバイオマスを買い取っている。エネルギーの供給会社として電気や熱の供給を地域に根差したものにすることを、そして環境に優しいものにすることを目指しているからである。

購入契約で取り決めた引き取り量が、樹木の寿命期間に対して保証されている。価格は年間の物価と連動するが、農家にとってはやる気の起こる価格になっている。二〇一二年の価格は、絶乾重量一トン当たり一〇二ユーロ（約一万四〇〇〇円）であった。価格は木のエネルギー量を基準としているので水分が多くなると価格は低くなる。シュタイアーマルク・エネルギー会社は価格表

図５　１haから7万kWhのエネルギーを生み出すエネルギー林。このエネルギーで５世帯が１年間必要とする熱も電気もすべてまかなうことができる。

に基づき、どんな含水率であっても契約した材料を引き取ることになっている。
マイアーさんからは、エネルギー林の普及のために技術的な支援だけでなく、最長三〇年間は農地として認められる法律が整備されていることや、バイオマス集積所（７章参照）という流通の拠点が設けられていることも説明があった。農家が安心してエネルギー林に取り組める環境が整えられているのだ。一haのエネルギー林が生み出すエネルギーは平均七万kWhである。このエネルギーで五世帯が一年間必要とする熱も電気もすべてまかなうことができる。また、七万kWhは石油七〇〇〇リットルに相当し、二酸化炭素の排出削減は一万九〇〇〇kgになる。エネルギー林に対する期待が大きいことを感じた。

シュタイヤーマルク州の大手電力会社であるシュタイアーマルク・エネルギー社にはバイオマスによる熱電併給の発電所があり、そこではチップ容量で年間二五万㎥の木質バイオマスが使われている。さらに八カ所のバイオマスの熱供給所では年間一三万㎥の木質バイオマスが使われ、二〇一一年はエネルギー林からの供給がその中の一％の一三〇〇㎥であった。マイアーさんの当面の目標は、エネルギー林からの供給を全体の一〇～一五％（三万八〇〇〇～五万七〇〇〇㎥）にすることである。

10章

太陽熱による木質チップ乾燥装置

開発・製造・販売のコナ社社長に聞く

コナ社はオーストリアのアッパーオーストリア州にある。この州名にあまりなじみはない。しかし、この州都がリンツであることを知るとドナウ川が連想できる。ドイツの黒い森に源流を持ち、ウイーンやブダペストを通って黒海にそそぐ大河ドナウがリンツの町をゆったりと流れている。さらにこのアッパーオーストリアがハリウッド映画「サウンド・オブ・ミュージック」の舞台になったザルツブルクに近いと聞くと、かなり親近感がわいてくる。人口が一四〇万のアッパーオーストリア州は、日本の奈良県ぐらいの規模である。面積は東京都の六倍近くある。なお、オーストリアは九つの連邦州からなる連邦共和国であり、アッパーオーストリアはその連邦州の一つである。

図1　ドナウ川から見たリンツの町。左の円形の建物はコンサートホールのブルックナーハウス、右のひときわ高い教会は高さ134mのマリエン大聖堂である。

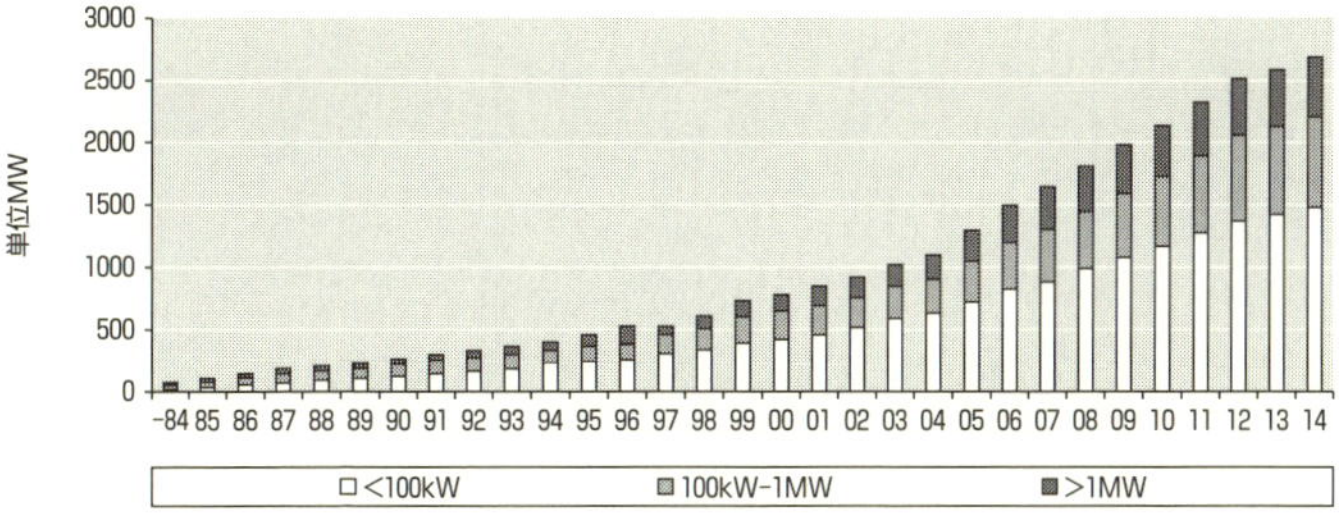

図2　チップとペレットボイラーから供給されているボイラーの規模別のエネルギー量。アッパーオーストリアでは、木質チップでは23,000基、ペレットでは27,000基の小型ボイラー（<100kW）が稼働している。

初めてフマーさんに会った時、この「アッパーオーストリア」の州名が話の中に何回も出てきた。「アッパーオーストリアには、木質チップでは二万三〇〇〇基、ペレットでは二万七〇〇〇基の小型ボイラーが稼働しています」「アッパーオーストリアでは、すべてのエネルギー消費の一六%をバイオマスからまかなっています」「一七〇社からなるネットワーク『エコエネルギー・クラスター・アッパーオーストリア』でお互いに協力や情報交換ができるので、私たちのような小さな会社でも国際的な活動ができます」「毎年、アッパーオーストリアでは省エネの展示会が開催され、世界中から一〇万人の人々が訪れます」。聞いていると、アッパーオーストリアではバイオマス事業の起業が盛んで研究や開発もどんどん行われている。中小企業を中心にしたバイオマスの一大産業地である。米国のシリコンバレーがIT産業の中心地であるように、アッパーオーストリアはバイオマス産業の中心地だと思った。

コナ社は木質燃料であり、ペレットの原料にもなる木のチップの乾燥装置を製造している。このシステムを開発したのは社長のフマーさんである。チップの乾燥に使う熱エネルギーが自然の太陽の熱であるところにこの乾燥技術の最大の特徴がある。わずかな電気以外は、石油もガスも使わずに太陽熱だけで木のチップを乾燥する。システムは次のような

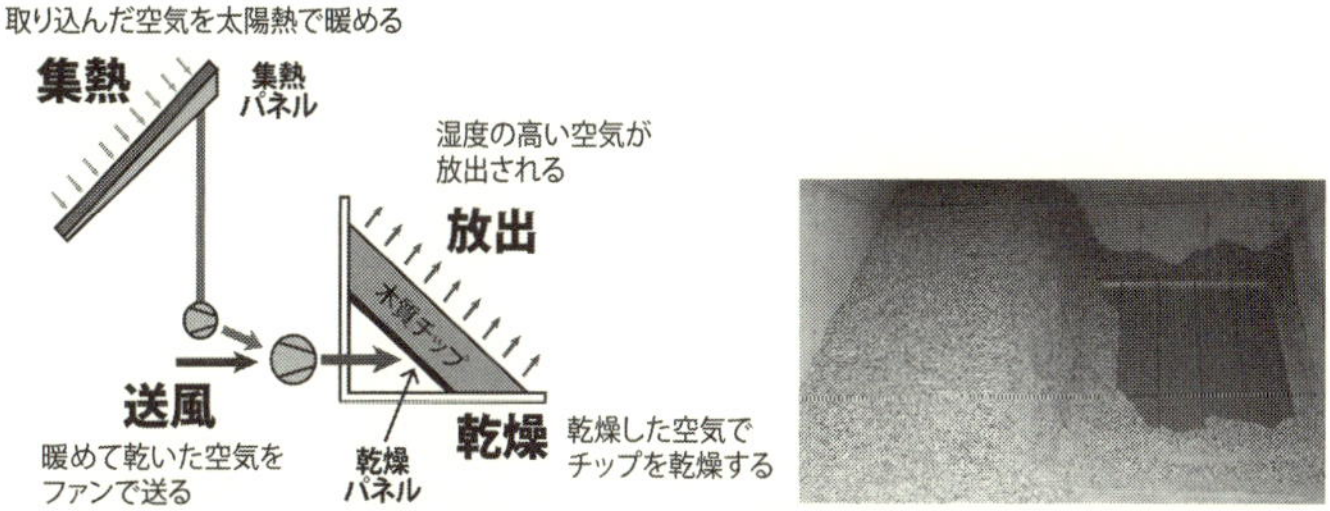

図3　左：フマーさんが開発した太陽熱を使った乾燥システム。右：チップを積んだ様子。チップの下には写真右側に見える穴のあいた乾燥パネルがある。太陽熱で暖めた空気を乾燥パネルの下に送り込み、その上に積んである湿ったチップを乾燥させる仕組みである。

図4　屋根に設置された集熱パネルからの熱でチップを乾燥する。96㎡のパネル面積で年間2,000㎥のチップの乾燥ができる。

構造になっている。

まず、屋根の上に置いた集熱パネルで太陽熱を取り込む。集熱パネルの中で暖められた空気をダクトに集め、ファンでチップに送る。湿ったチップは、小さな穴のあいた乾燥パネルと呼ばれる金属パネルの上に一・五～二mぐらいの高さに積んである。太陽熱で暖めた空気をその乾燥パネルの下に送り込むと、パネルの穴から吹き出して上に積んである湿ったチップを乾燥させる。つまり、暖かい乾いた空気で湿ったチップを乾燥するのだ。

開発にあたってフマーさんが苦心したのは、まず集熱パネルの効率を上げることだった。コナ社の集熱パネルの熱効率は七六％である。太陽光発電の発電効率は二〇％ぐらいだから、太陽エネルギーを熱の形で直接使えば非常に効率が高いことがわかる。太陽光を直接熱のままでもっと利用すべきと力説するフマーさんの言葉には説得力がある。それにしても、この集熱パネルの七六％の熱効率は大変に高い。この熱効率の数値は、フラウンフォーファー研究所の検査で認められていることをフマーさんは付け加えた。

フマーさんがこの装置を開発する時にさらに大変だったのは、ファンを動かすための電気使用量を最小にしながらチップの乾燥速度を上げるというシステム全体のバランスだったそうである。いくら速く乾燥できても電気エネルギーをどんどん使っていたのでは本末

図５　チップは熱のバッテリー。太陽熱を使って木を乾燥することは、その木にエネルギーを蓄えることになる。夏に太陽熱のエネルギーを乾燥の形でチップに蓄え、冬にそのチップを燃やして熱エネルギーを取り出す。

転倒である。現在のシステムの電気使用量は、乾燥により獲得するエネルギーの五％未満と説明があった。

屋根に置く集熱パネルの面積が四〇〇㎡の場合、この装置では年間で六〇〇～八〇〇㎥のチップを乾燥することができる。この乾燥により獲得できる正味のエネルギー量は一五万kWhになる。正味と言うのはファンに使う電気量を差し引いているからである。一五万kWhは灯油の発熱量（一リットルの灯油の出力発熱量は九・五八kWh）から計算すると、約一万五七〇〇リットルの灯油に相当する。

フマーさんは燃料材の乾燥を軽視し

てはいけないことを、オーストリアでの失敗から語った。木のチップを燃焼するバイオマスボイラーが出始めたころは、とにかく木を燃やすことが優先され、チップがどれほど乾燥しているか、含水率がどのくらいであるかはあまり注意されていなかった。乾燥していない水分の多い湿ったチップも燃料としてボイラーにどんどん投入された。その結果はボイラーの故障として表れ、当時はバイオマスボイラーの普及にブレーキがかかるほどだった。大型のボイラーでは燃焼温度が高く、連続して燃えているのでこのようなトラブルは起こらないが、小中型のボイラーでは燃焼のオンオフの回数が多く、湿った燃料が機器をいためた。今では木質チップの規格が整い、ボイラーメーカーの仕様書にはその規格に基づいた燃料材が指定されている。例えば、燃料として「燃焼チップW二〇／G三〇」と書いてあれば、含水率が二〇％以下で最大断面積が三㎠以下のチップのことである。

乾燥させることのメリットとして、フマーさんはさらに次のことを指摘した。

――チップを湿ったまま積んでおくとかびが発生し、衛生的にも問題になる。水分があると発酵するのでその時に熱が発生し、火災になる危険もある。湿ったチップをそのまま積んで保管することは難しいのである。しかし、チップを乾燥さえしておけばいつまでも保管ができる。乾燥すると森から出してきた時の六割くらいの重さになるから、トラックの

図6　ペンション・グルンドナー。チップボイラー1台でペンション、レストラン、自宅の暖房と給湯をすべてまかなっている。そのボイラーの燃料は、フマーさんのつくった装置で乾燥させたチップである。ベランダと窓の赤やピンクのゼラニウムの花がみごとなペンションだ。

積載重量も減る。もちろん、発熱量が増えるのが一番のメリットだろう。水分が五〇％から一五％に減ると重量あたりの発熱量は二倍に増える。

フマーさんが強調する太陽熱を使った木の乾燥は、その木にエネルギーを蓄えることになる。つまり、太陽のエネルギーを乾燥という形でチップに蓄えて保存し、冬にそのチップを燃やして熱エネルギーを取り出すのである。乾燥させた木のチップは、太陽エネルギーを蓄えた熱のバッテリーみたいなものである。

なお、フマーさんの乾燥システムは、気温と、太陽で暖められた集熱パネルの空気との温度差が五度あれば働くので真冬でも太陽が出れば乾燥ができる。ただし、集熱パネルが雪で覆われてしまうとできない。

フマーさんは細身でひげをたくわえている。製造会社の社長さんと言うよりも研究者の風貌である。何でも教えてもらえる気がして、単純なことを聞いてみた。

「なぜ、木をわざわざチップにするのですか？」

答えは明快であった。

「チップにすれば、石油やガスと同じようにパイプで搬送でき、ボイラー内でも自動着火ができます。つまり、チップなら燃料補給から着火や消火までボタン一つでボイラーを制御して自動運転ができます。チップはペレットの原料にもなるし、そのまま燃料としても使えます」

乾燥装置が実際に設置してあるところを見学しに行くことになった。車を運転してくれる若い女性を紹介してくれた。フマーさんの娘さんだった。名前はヨハナさんと言う。経営学部に在籍する大学生であった。ヨハナさんの車は日産である。フマーさん一家は日本車好きだそうである。オーストリアには自国ブランドの自動車メーカーがないので、日本車もたくさん走っている。

見学に行ったのはスキー場に近いペンションである。チップボイラー一台でペンション、レストラン、自宅の暖房と給湯をすべてまかなっている。そのボイラーの燃料は、フマーさんのつくった装置で乾燥させたチップである。写真の屋根に写っているのが集熱パネル、この建物の中に乾燥ボックスがある。

ペンションのオーナーのグルンドナーさんが乾燥装置を案内してくれた。小さな子どもがいる若いオーナーだった。「乾燥チップを使うようになってから燃料効率が上がったし、とにかくボイラーの故障が減った。これが一番ありがたい。ホテルとレストランを営業していますから、ボイラーが故障するとお客さんに迷惑がかかるので大変なんです」と乾燥装置を評価していた。付近には森が多い。近所の人たちのチップの乾燥も引き受けて副業にしており、年間一〇〇〇㎥以上のチップ乾燥をしているそうである。木の香りのする乾いたチップの山は子どもも大好きな遊び場になっている。写真のグルンドナーさんが身に着けているのは、この地方の民族衣装のチョッキと皮ズボンである。強い郷土愛を感じた。奥さんの服にはエーデルワイスの花模様が縫い付けてあった。ペンションの名物は、おばあさんの代からつくっているスモモの蒸留酒シュナップスである。

図7　グルンドナーさんと乾燥装置。左：グルンドナーさんが身に着けているのは、この地方の民族衣装であるチョッキと皮ズボンである。中：屋根に取り付けた96m²の集熱パネル。右：木の香りがいっぱいのチップの山は子どもたちの大好きな遊び場でもある。

図8　ヨハナさんが力を入れているチップ以外の乾燥アイテム。左から：オレンジ、メリッサ、アロエ。

その後しばらくしてヨハナさんに会った時には、大学を卒業していてお父さんの会社であるコナ社で働いていた。森の木を太陽熱で乾燥する装置のメーカーであるコナ社は、技術系であり、営業先は林業業界だから、ヨハナさんのような若い女性が選んだ職場としては意外に感じた。会社でどんな仕事をしているのか聞いてみると、自分の得意な分野を見つけたらしく喜んで話してくれた。彼女はインターネットのホームページをリニューアルし、たえず新しい情報を発信しているという。そういわれてみれば、コナ社のサイトには動画や最新ニュースがアップされ、情報豊かになっている。彼女が力を入れているのは事務所の中の仕事だけではない。この乾燥装置を使って、果物やハーブの乾燥を広めようとしている。フマーさんにはない女性らしい視点が生きていると思った。今までに乾燥が確認できた果物やハーブのリストをプリントアウトして見せてくれた。リンゴやジャスミンなど一八〇種類を超えていたが、もっと種類を増やそうと意気込んでいる。「まだリストに載っていない果物を日本で乾燥したらぜひ教えてください」と頼まれた。乾燥果実といえば日本には山梨の枯露柿《ころがき》をはじめ各地に干し柿の伝統がある。この装置を使えば、柿の新しいドライフルーツができるかもしれない。

11章

地域エネルギー自立と発熱所建設のためのエンジニアリングとは

バイオマス協会エンジニアに聞く

アッパーオーストリア州のバイオマス協会は、農業会議所の建物の中にある。バイオマス協会は、農家や林家の新しい事業としてバイオマスによる熱供給事業を支援するために農業会議所がつくった組織である。一九九二年にバイオマスによる最初の地域発熱所のプロジェクトが始まった時、農業会議所の関係者が先駆的なこの第一号の地域発熱所を成功に導くためのサポートの組織として設立したのが、このバイオマス協会であった。その後、独立した組織として発展し、地域発熱所の普及のための助言や広報活動だけにとどまらず、二〇〇五年にはエンジニアリング部門を設けて設計業務も請け負うようになった。

農業会議所は農林業を代表する農家や林家の公的な組織である。連邦政府や州政府に対

図１　アッパーオーストリア州の農業会議所の建物。バイオマス協会は農業会議所の建物の中にある。バイオマス協会は、農家や林家の新しい事業としてバイオマスによる熱供給事業を支援するために農業会議所がつくった組織である。

しては農林業界を代表し、農家や林家に対してはその営農や営林を資金から技術に至るまで援助している。農業会議所は州単位の組織であり、オーストリアの九州すべての州にある。

アッパーオーストリア州ではエネルギー政策として、二〇三〇年までに暖房や給湯の熱と電気をすべて再生エネルギーから供給することを目標に掲げている。ピューリンガー州知事はバイオマス協会へのあいさつ文に次のように書いている。

「二〇三〇年までに熱と電気の供給を段階的に再生エネルギーに転換

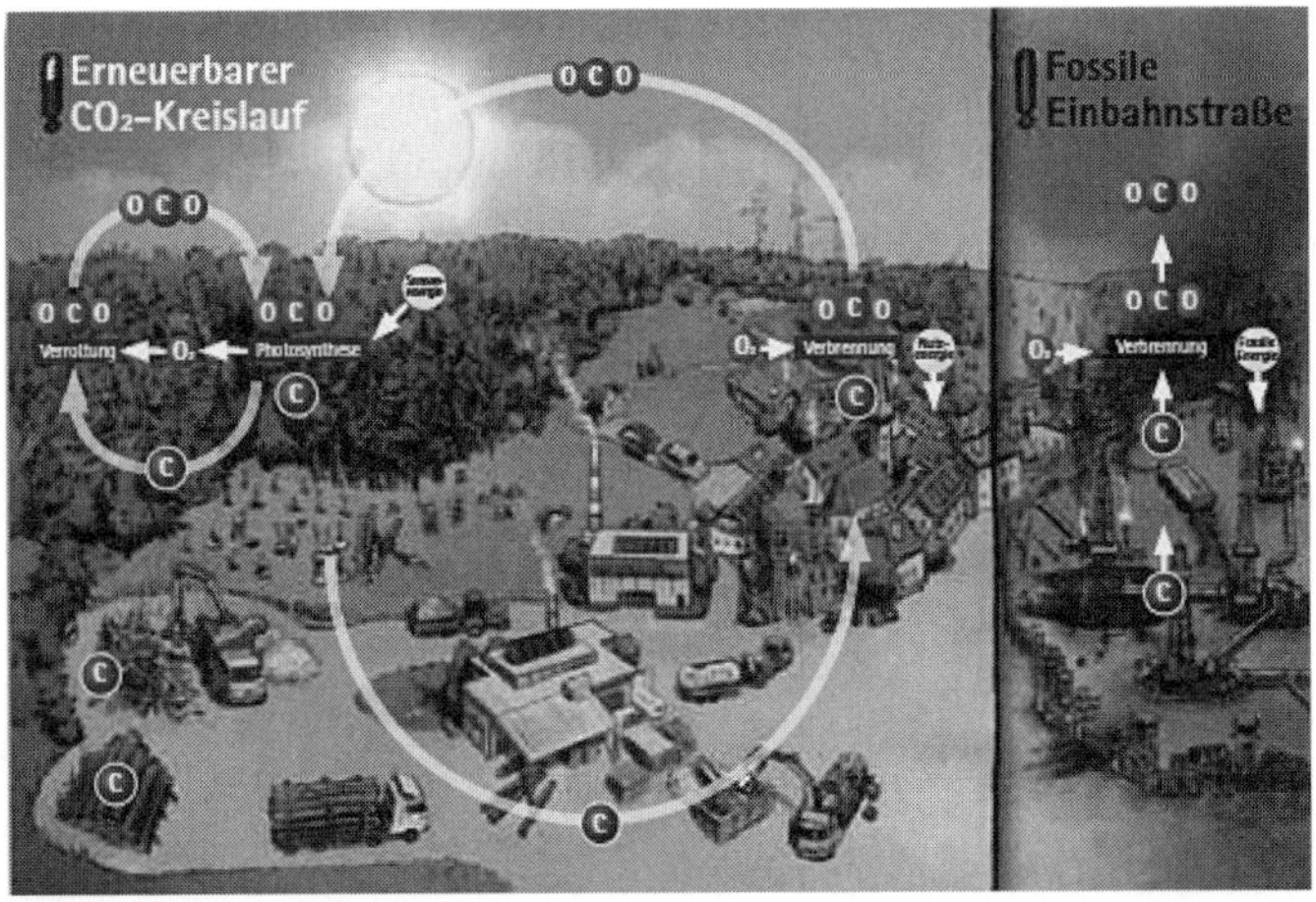

図２　二酸化炭素の循環図。バイオマス協会のパンフレットに載っているこの図には、森は木材や木製品を生み出す地域の価値ある資源であること、木は森で朽ちても燃料として燃やしてもカーボンニュートラルであること、一方、化石燃料の使用は追加的な二酸化炭素の排出となり地球温暖化を促進することが説明してある。

し、二酸化炭素の排出とエネルギーの輸入を削減します。このために大変大切なものが、地元にある持続的に供給できるバイオマスです。カーボンニュートラルであるこのエネルギーを活用することは、州のエネルギー自給率を上げるだけでなく、地域の経済構造を将来の新しいエネルギーシステムにふさわしいものに変えていきます。その恩恵を受けるのは、経済、気候、環境、国民だけではなく、とくにこれからの世代を担う私たちの子どもや孫たちにまでおよびます」

バイオマス協会では、協会の活動についてウッテントハラーさんからパワーポイントを使っての説明があった。ウッテントハラーさんはエンジニアで、名刺にはバイオエネルギー・アドバイザーと書いてある。バイオマスを活用したい人や、地域発熱所をつくりたい人たちの相談担当である。

相談者が来ると、まずよく話を聞く。地域発熱所が可能かどうかの調査から始まり、規模の計画や機器の選定、バイオマスの調達や仕入価格、開業からその後のメンテナンスまで指導する。調査や設計などのサービスは有料である。バイオマス協会ではすでに三〇〇以上のプロジェクトを手掛け、二〇年以上も経験を蓄積している。相談においてウッテントハラーさんが気にするのは、地域発熱所をつくった後、誰がその設備を管理するのかと、燃料のチップをどう調達するかである。今までのように、電気のスイッチを入れるだけ、または燃料のコックをひねるだけでは済まない。地域発熱所は、その地域で管理する人が必要なのである。また、燃料のチップが安定して供給されないと継続的に発熱所を動かすことができない。ぜひ地域発熱所をつくりたいと相談される場合でも、実現が難しいと感じたら断念することを提案する。計画を中止させるための忠告も大切にしている。地域発熱所が経済的に成り立つかどうかを早く見極めることも重要である。ウッテントハラーさんがその目安にしているのは、発熱所から家庭や学校などのユーザーに送る熱供給のパイプの全長と、発熱所が供給する総熱量の関係である。総熱量÷パイプの全長が九〇〇kWh／km以上になれば経済的には大丈夫だそうである。

ここに相談に来るケースで多いのは、地域の農家が集まって地域発熱所を建設するグループをつくり、資金はみんなで出し合い共同運営する形である。この場合、つくった発熱所は自分たちのかわいい子どものようなものであり、自分のことのように全員で手分けして管理ができる。燃料のチップは、建設に出資した農家や林家が供給するのが一般的である。

発熱所をつくるきっかけになる動機は森から出る残材などの活用である。これが販売できれば農林家の収入が増える。発熱所があればその燃料としてチップを安定して供給できるし、発熱所の売上からの収益も期待できる。チップの買い取り価格や供給量は自分たちで決めることができるから、投資した金額の回収も計算できて予想がつく。

自分たちのつくった発熱所がチップを買い取るのだから、競合もなく安心して販売できる。そうなると、たくさんチップを供給したい農家もでてくる。しかし、この運営システムはよく考えてあり、農家から発熱所に供給する（＝販売する）チップの量と発熱所を建設した時の出資額を連動させている。つまり、発熱所にチップをたくさん売る農家（林

図３　プラムバッハキルヘン地域発熱所の起工式。地域の農家が集まって地域発熱所を設立するグループをつくった。

図４　カッツドルフ地域発熱所。地域発熱所は全員で手分けをして管理する。燃料のチップの供給も出資した農家や林家が行う。

図５　キルヒシュラークの発熱所。ボイラーは650kWと320kWの２基である。将来の熱需要の増加を見越して、また夏季の無駄な運転を防ぐために大小２基設置してある。全長1.3㎞のパイプで25軒の熱契約先に熱を供給している。

家）は、その割合に応じて出資金額も増えるのである。チップの買い取り金額は市場価格よりも高めに設定することが多いので、出資金額はだいたい四～五年で回収できる。

農家によるバイオマスの地域発熱所が今では三〇〇以上あるが、始めたころはチップよりも燃料油のほうが安く、農家で運営する地域発熱所の事業は、自らの投資を伴うこともあり賛同を得るのはなかなか難しかったそうである。しかし、第一号が完成してこのシステムが機能することが理解されると普及は早かった。バイオマス協会にはたくさんの相談が来るようになった。相談を受けてから発熱所完成まで数年はかかる。大切なことは、地域でのグループが事業者としてまとまるまでの話し合いである。

その例として、キルヒシュラーク発熱所建設の場合を紹介された。二〇〇六年にキルヒシュラークの農家や林家の間でチップを使った地域熱供給のアイデアが持ち上がった。バイオマス協会に相談があり検討したところ、地域発熱所の成り立つ見込みがあった。キルヒシュラークではそれから一年かけて事業のやり方を検討し、二五軒の農家がこのプロジェクトを進めるための協同組合を村と教会も一緒になり設立することになった。これが決まると後は早い。その後はその協同組合が事業者となり、設計が行われ工事を開始し二〇〇九年の九月に写真の地域発熱所がオープンした。村では発熱所の説明会がバイオマス協会も協力して開かれ、開業時には一九軒から熱供給の契約を得ることができた。

キルヒシュラークに設置されたボイラーは六五〇kWと三二〇kWの二基である。当初は一基だけの計画であったが、将来の熱需要の増加を見込みと夏季の無駄な運転を防ぐために二基とした。現在は全長一・三㎞のパイプで二五軒の熱供給契約先に熱を供給している。

ウッテントハラーさんに、なぜ教会が協同組合に参加したのか聞いた。教会が広大な山

キルヒシュラーク発熱所の概要

熱需要者	25
事業参加者	27（農家25、村1、教会1）
チップ供給者	27の事業参加者が1年間に3,200㎥のチップを納品
石油の節約量	240,000リットル/年
二酸化炭素の削減	624トン/年

林を所有していることがその理由であった。中世以来、修道院では農地や山林を所有し農業から医療まですべて手分けして自給自足で生活してきた。それが続いているところがある。そう言えば修道院ブラントのワインやビールを今でもよく見かける。

地域熱供給の仕組みについても説明を受けた。地域熱供給のやり方は簡単だが効果は大きい。発熱所を一カ所つくり、そこから家庭や会社や学校など周りの熱需要者に熱を温水パイプで送る。発熱所にはチップやペレットを燃焼させるバイオマスボイラーがあり、その熱で水を温水にする。八〇度くらいの温水を断熱パイプで需要者に送る。需要者のところには熱交換器があり、その熱を取り込んで暖房や給湯に使う。熱が取り出されて五〇度くらいになった水は、発熱所に還流してまた加温されて循環する。家庭などの需要者のところでは、熱交換器から取り込む熱が熱源となるので暖房や給湯のためにボイラーを設置する必要はない。高性能の断熱パイプが開発されていて、ボイラーから例えば二〇〇m離れていても熱損失は一

図６　地域熱供給の全体図。発熱所から家庭や会社や学校など周りの熱需要者に温水パイプで熱を送る。家庭などの需要者のところでは熱を熱交換器から取り込むので暖房や給湯のためにボイラーを設置する必要はない。

度未満である。

家庭や事業所などの熱需要者は、発熱所と熱供給契約をする。熱料金は基本料金、検針料金、使用料金で構成される。この熱料金は毎年バイオマス協会が発表するインデックスに基づくので安心して契約できる。使用料金は需要者のところに設置される熱量メーターにより使用したkWh量に応じて払う。発熱所からの温水パイプが需要者の建物に入るところに引き込みボックスがあり、熱量メーターはその中に入っている。検針料金とは熱量メーターのレンタル代と測定に要するコストである。そのほかに、最初に契約をした時には初期費用として接続料がかか

図７　引き込みボックス。引き込みボックスは電気メーターより大きく、中には熱交換器、熱量メーター、制御盤が入っている。

る。これは、発熱所のメインのパイプから建物への引き込み料と引き込みボックスの設置費用である。引き込みボックスは電気メーターよりは大きいサイズで、中には熱交換器、熱量メーター、制御盤が入っている。

地域発熱所の計画では次のことが検討される。

・ボイラー——燃料の投入、灰の排出、排気、煙突、運転制御
・建物——燃料庫、ボイラー室、温水循環、電気盤、事務所
・配管——給水、分水、循環ポンプ、断熱、排水、スプリンクラー

・制御——完全自動運転、温度、ポンプ、アラーム、データの記録
・電気——発熱所と需要者の建物での電気工事
・埋設路——埋設路と道路の復旧、需要者の建物の貫通
・温水パイプ——往復の二本の温水断熱パイプの敷設
・引き込みボックス——熱量メーター、熱交換器
・資金計画——予算、補助金
・燃料——チップ、おがくず、樹皮、残材
・補助熱源——既存ボイラーの利用、自家発電、ソーラー、非常電源

地域発熱所は循環型経済の一つのかなめになる。里山の残材や間伐材をエネルギーとして利用でき、雇用の創出につながる。石油やガスを買わなくても、地域の農家からエネルギーを買うことができればエネルギーの輸入が要らなくなり、エネルギーの費用は農家や林家など地元に入る。バイオマスによる熱供給は地域のイメージアップにもつながるため、最近では農家が学校や幼稚園と協力して発熱所をつくるケースも増えていると言う。

ウッテントハラーさんは、日本の福島での惨事やその後のバイオマスの利用について大

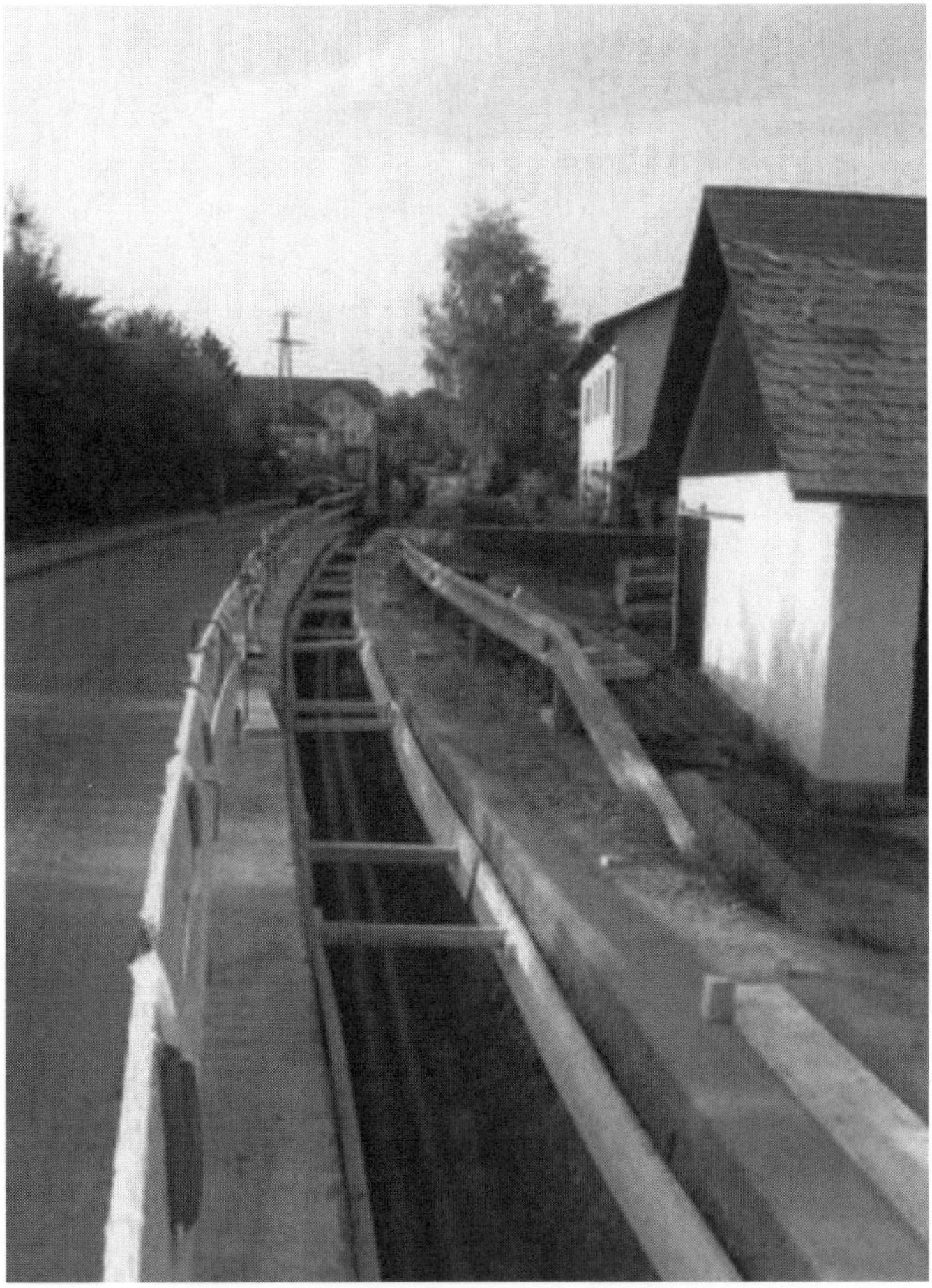

図８　温水パイプの敷設工事。約80度の温水がこのパイプで家庭や学校などのユーザーに送られる。ユーザーの熱交換器で熱が取り出され、冷たくなって地域発熱所に戻ってくる。

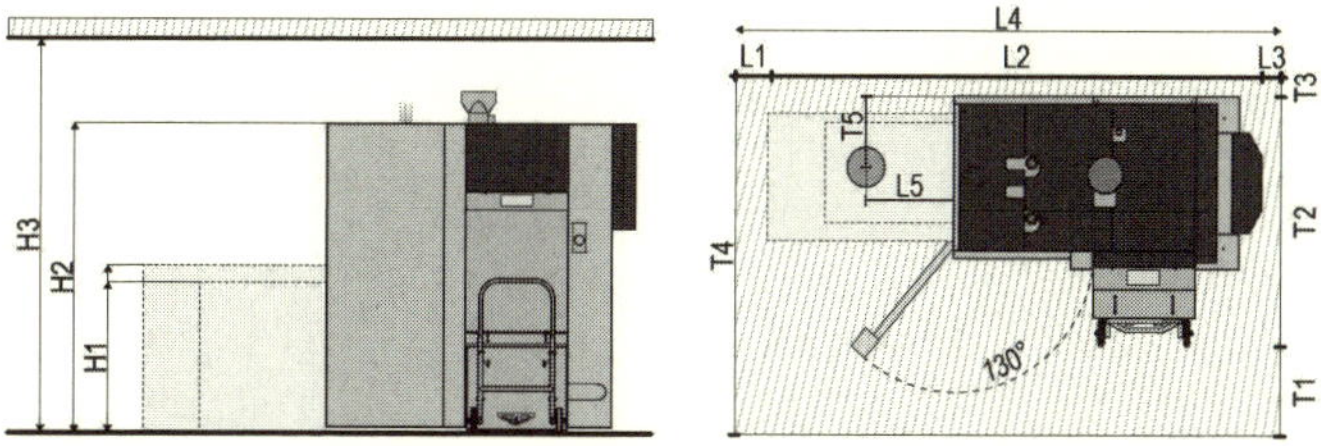

図９　ボイラーのサイズと設置場所の例。チップもペレットも使えるこの120kWのボイラーは、作業空間も含めて高さ210㎝、幅260㎝、奥行き180cmのスペースがあれば設置できる。

図9のボイラーの図のサイズ

（単位：cm）

		20–50kW	60–80kW	100–120kW
H1	燃料パイプの接続口の高さ	80	80	80
H2	ボイラーの高さ	159	167	167
H3	天井の高さ	200	210	210
L1	空間	20	20	20
L2	ボイラーの長さ（周辺機器を含む）	205	223	234
L3	空間	6	6	6
L4	部屋の長さ	231	249	260
L5	燃料パイプの接続口との距離	43	44	44
T1	空間	40	40	40
T2	ボイラーの奥行き	123	134	134
T3	空間	6	6	6
T4	部屋の奥行き	169	180	180
T5	燃料パイプの接続口との距離	33	39	42

変関心を持っていた。オーストリアは原子力発電所をつくりながら、一度も稼働させずに廃炉にした国である。日本でもバイオマスなどの再生エネルギーの利用が進むことへの期待を感じた。別れる時に、「私たちバイオマス協会での経験やノウハウは、きっと日本にも役に立つと思います」と言って握手してくれた。

木質エネルギービジネスの先端をいくプレーヤーたち

あとがきにかえて　熊崎実

魅力的なプレーヤーの群像

オーストリアは木質エネルギービジネスで世界の先端を走る国の一つだが、その状況をこれほど生き生きと読みやすく簡潔にまとめた書物はほかにないと思う。

木質エネルギービジネスは、森林から伐り出された間伐材や木材加工の残材でチップなどの燃料をつくることから始まる。次いで、その燃料をストーブやボイラーに投入して熱や電気に換えるプロセスがあり、最後にこの熱や電気を暖房や動力、照明として使う最終消費の局面がある。文字通り川上から川下まで、この間に実にさまざまなビジネスが関与しているわけだが、西川氏はこの中からポイントとなるビジネスを慎重に選び出し、そこでの仕事の内容と先端的な技術を簡潔に紹介している。

本書で特徴的なのは、事実の単純な記述ではなく、ビジネスを展開するキーパーソンをつかまえて、仕事の内容や技術のことを彼らの言葉で語らせていることだ。読む者からすると、この人たちの気構えや息遣いまでが伝わってきて、最後まで楽しく読める。しかも、本書には木質エネルギーについての基礎的な専門事項も目立たない形できちんと書き込まれている。例えば木の燃焼理論、木質チップの規格、含水率の測定、木質燃料の乾燥などの解説がそれだ。

面接を受けたプレーヤーは全部で一一人。この人たちが語ったのは、彼らのビジネスの一断面でしかなかったにしても、その短いスナップショットが、詳細をきわめた記述よりもずっと強い印象を残すのである。そして一一枚のスナップショットを集めてみると、先端をゆく木質エネルギービジネスの現状が鮮やかに浮かび上がってくる。考え抜かれた全体構想が背後にあるのは間違いない。

各章に登場するプレーヤーたちに共通するのは、仕事に対する誇りと前向きな姿勢である。私がオーストリアやドイツでお会いした関係業界の人たちも、おおむねそうであった。それに引き換え、日本の木材業界から漏れてくるのは暗い話ばかりで、明るい将来展望はめったに聞かれない。現状の苦しさから、何とか公的な助成を引き出そうとする意図があるのかもしれない。今の時代、こんなことを続けていたのでは、明るい未来を引き寄せることなぞ、できるはずもない。未来のない業界だとわかれば、若い人たちは寄り付かないだろう。本書にあるような、親と子あるいは兄弟で誇りを持って事業にいそしむ情景を日本でも見てみたいものだ。

オーストリアと日本とでは状況がまるで違っている。本書の「はじめに」でも指摘されているように、この一〇年の間にもすっかり差をつけられてしまった。なぜそうなったのか。私自身、かなり前から背後にある理由をあれこれ考えてきた。多少余分なことかもしれないが、本書の「あとがき」に代えて私見を述べさせてもらうことにする。

育成林業を生み出した中欧と日本

実のところドイツ、オーストリアなどの中央ヨーロッパと、ユーラシア大陸の東端に位置する日本には、共通して「育成林業」の長い歴史がある。(注1) ともに中世のあたりから人口が増え、大量の木材が消費されるようになった。原生林の多くが早くに消失したため、一七世紀の後半には植えて育てる育成林業がこの両地域で世界に先駆けて誕生する。二〇世紀に入るころには、建築用の木材の大半が人手をかけて育てた育成林から伐り出されていた。

第二次世界大戦後、寒帯・亜寒帯と熱帯の原生林の「開発」が進展する。安価な木材が出回るようになったため、手間のかかる育成林業は急速に市場競争力を失うのだが、略奪的な原生林開発が長く続くはずもない。資源の枯渇と環境意識の高揚で伐採量は減っていく。それを埋め合わせるかのように、一九九〇年代の後半あたりからヨーロッパ産の製材品が世界市場で幅を利かせるようになった。

当時、日本でも天然林材の入荷が減ってきて、いよいよ「国産材の時代」が到来するのではないかと、期待したものである。ところがふたを開けてみると、こともあろうにヨーロッパ産の製材品が入ってきた。手間のかかる育成林で育てられた木材が、地球を半周して日本に運ばれてくる。国内のスギやヒノキの製材品は、価格面、含水率などの品質面で、それと対抗できない。中央ヨーロッパの林業・林産業は、われわれの知らない間にその市場競争力を一段と高めていたのである。

国際市場でたたかうオーストリアの木材産業

オーストリアの森林面積は四〇〇万haほどで日本の六分の一くらいしかないが、丸太の生産量は二〇〇〇万㎥で日本とあまり変わらない。八〇〇万の人口を支えるには十分な量だ。にもかかわらず国外から七〇〇万㎥もの丸太を輸入している。強力な林産業が大量の丸太を消費しているからだが、その製材品の七割は輸出向けだ。(注2)

オーストリアの木材産業は、世界市場でたたかう戦略産業である。低コスト化を目指して最先端の技術が次々と導入された。その先頭を走ったのが製材工場である。製材の規模を大幅に拡大しながら、製材プロセスの高速化と無人化がハイスピードで進められた。その結果一年間に何十万㎥もの原木を潰す工場があちこちに誕生したのである。

これほどの大型工場がつくれたのは、ドナウ川を利用して東欧などからも大量の木材が運ばれてくるからである。それと同時に、いささか驚いたのは国内でも大量集荷の体制が比較的スムーズに整えられたことである。木材取引の単位が大きくなると、中小の森林所有者の不利は避けられない。そこで彼らは共同出荷の仕組みをつくって、大型工場と価格交渉を始めたのである。

製材工場の大型化は、森林からの木材の伐り出しをはじめ、木材の運搬・貯蔵・流通全般にまで影響が及ぶ。旧来の仕組みの一部を変えねばならず、さらにはコストダウンの要求も一段と強まってくる。この要請に応じて、新しい技術やシステムの導入が進んで、かなりのコストダウンが実現した。

こうした一連の変化が比較的短いタイムスパンの中で順々に生起しているのを見ると、誰かが背後で糸を引いているように思えるのだが、むろんそのようなことはない。木材産業にかかわる州政府や連邦政府の部局にしても、先に立って動くという気配はなく、側面からの支援にとどまっている。下手に行政が主導して動いたら、かえっておかしくなるだろう。

人々を動かしているのは市場の力だと思う。世界市場を相手に競争しているという意識をプレーヤーの誰もが持っている。彼らは市場の動向を注視しながら意思決定を行っているのだ。もたもたしていたら市場の流れから取り残されてしまう。新しい技術やシステムが競うようにして取り入れられていく。われわれのような部外者からすると、さまざまな分野のプレーヤーたちが共通の目的を持って動いているように見えるのだ。

著者の西川氏がインタビューの対象としたのも、おおむねそのような人たちであった。オーストリアの木質エネルギービジネスがダイナミックに展開するのは、こうした人たちによって支えられているからである。

ここで日本の木材産業の状況を一瞥しておこう。オーストリアの製材生産量は一九九〇年代半ばから今日までに二倍に増えた。しかるに日本の製材工場からの出荷量は同じ時期に半減してしまった。そのうえ、国内の製材品需要の約四割が今でも海外からの輸入でまかなわれている。一九九〇年代以降に急速に進んだ経済のグローバル化でオーストリアの製材業は躍進し、日本のそれはさらなる縮小を余儀なくされたのだ。市場競争力の差がこうした数字に如実に表れている。

もう二〇年くらい前のことだが、ヨーロッパの木材業界の人たちが日本に視察にやって来て、大手の住宅メーカーにさまざまな調査をかけていた。どのような製品をつくれば日本に売り込めるか調べていたのである。国内の製材業界にも危機感はあったようだが、きちんとした市場調査をやったとか、国産材売り込みの戦略を練ったといった話は、ついぞ聞かれなかった。まとまった量の規格品を国産材で揃えようとしたら、これまでのシステムを思い切って改めるしかない。それができなかったために、この有望な市場をそっくり外材に明け渡すことになったのである。

木質ペレット市場の展開に見るオーストリアと日本の落差

オーストリアで木質バイオマスビジネスが盛んなのは、林業と林産業がマテリアルとして使えない「木屑」を大量に生み出しているからである。製材生産の興隆に誘発されて拡大した木質ペレット事業などはその好例と言えるだろう。木屑類がエネルギー源として有効に利用されるようになったため、製材業などの経営基盤が著しく強化されることになった。木質原料のマテリアル利用とエネルギー利用は、相対立するものではなく、互いに補い合うものなのである。

それはともかく、ペレットというのは木材を細かく砕いて円筒形に圧縮したもので、直径は六～一〇㎜、長さは三〇㎜ほど。含水率は一〇％以下に抑えられている。木質燃料としてはきわめて均質で、エネルギー密度も高い。木質焚きのストーブや小型ボイラーにとっては最適の燃料だが、近年では石炭火力発電所での「混焼」にも広く使われるようになり、ペレット生産量は世界的に猛烈な勢いで増加している。

木質ペレットの一番の原料は製材から出る「おが屑」である。おが屑はすでに細かくなっているから一次破砕が不要だし、樹皮が除かれているから高品質の「ホワイトペレット」ができる。大量に発生するおが屑をベースにして、オーストリアのペレット産業は二〇〇〇年ころから本格的な成長軌道に入るのだが、その中でとくに目立ったのは工場の大型化である。

初期の段階では、時間当たり生産量が一トン程度のペレタイザー（造粒機）を置いて、一年間に数千トンのペレットを生産する小規模工場が多かった。その後こうした小規模工場はどんどん消滅し、少数の大型工場に集約されることになった。手元にある最近の統計によると、工場数は全部で三七あるが、規模別では年産二万〜六万トンクラスが一七、六万〜一五万トンクラスが八工場ある。

大型工場の共通点として挙げられるのは、①高能率のペレタイザー（三〜五ｔ／ｈ）、②高性能の乾燥施設（ベルトドライヤ）、③二四時間操業、④乾燥のための安価な熱源（木屑発電の排熱利用）などだが、こうすることでペレットの生産コストが下がり、品質の揃ったペレットの安定供給が可能になるのだ。

しかし、石油や天然ガスに代わる燃料として木質ペレットを本格的に普及させるには、これだけでは十分ではない。何よりも、化石燃料焚きの機器に劣らない高性能の木質焚きストーブやボイラーの開発が先決である。またそれらの燃焼機器をきちんと取り付け、メンテナンスを確実にやれるサービス体制をつくらねばならない。さらに、工場で生産されたペレットを顧客の要求に応じて迅速に届ける配達のシステムも必要になってくる。

いずれにしてもこうしたいくつかの条件が満たされて、いわゆる「ペレットチェーン」

が完結する。オーストリアではこれがうまく完結して、木質ペレット市場の本格的な拡大が始まった。チェーンの輪で欠けたところがあれば、それを埋めるプレーヤーが次々と出てくる。さらに全部まとめて面倒を見る「エネルギーサービス会社」も現れた。木質焚き冷暖房施設の導入を望む顧客に対して、最適なシステムを設計・提案し、契約が成立すれば装置の据え付け、燃料供給、燃焼制御、メンテナンスなどの一切のサービスを提供する会社である。

世紀の変わり目の二〇〇〇年当時、オーストリアのペレット消費量は数万トンのオーダーで、日本とあまり変わらなかった。それが最近では生産能力が一五〇万トン／年近くになり、消費量は九五万トン前後にまで伸びている。

かたや日本の近況を見ると、ペレットの工場数は一一五もあるのに、生産量は全部合わせて一三万トン程度。一工場当たりの生産量は一一三〇トンに過ぎない（オーストリアは二・五万トン）。ヨーロッパの標準とされる年産三万トン以上の工場は皆無である。小規模工場が増え始めたのは国の補助金交付が二〇〇三年に始まってからである。市町村の公共施設などにペレットボイラーを導入する場合も補助金が使えた。この両方が相まって木質ペレットの生産と消費が徐々に増えていった。当然のことながら、小規模なペレット生産では製造コストが割高になる。需要者の負担は重くなるが、こちらにも補助金が入るから何とかやっていけるというわけだ。しかし、高い価格のままでは一般消費者への普及は絶望的である。

オーストリアのペレット産業は、灯油やガスなどの化石燃料との厳しい競争の中で公的な補助金にはあまり頼らずにシェアを拡大してきた。だからこそ、さまざまなプレーヤーを次々と巻き込みながらペレットチェーンの輪を大きく広げることができたように思う。補助金頼みでは、こうした自律的な展開はまず望めない。

元気な中小林家

オーストリアの森林を所有形態で見ると、総面積の約八割が私有林で、その三分の二は所有面積二〇〇ha以下の「中小私有林」である。小規模所有が卓越するのは日本と同じだが、日本と違うのは木材生産に熱心な林家が多いことだ。彼らの木材販売は間断的でロットが小さいから市場では不利な立場に置かれやすい。そこで、かなり以前から、自衛策として共同出荷の体制を整えてきた。

私がとりわけ感心したのは、木質エネルギービジネスへの意欲的な取り組みである。小私有林の主産物は、八〇年から一〇〇年かけて育てたトウヒだが、幹材の太いところは製材用として売られ、細い部分はパルプ材になっていた。ところが一九九〇年代に入ると、小規模生産のパルプ材はコスト高のために市場からの脱落を余儀なくされる。その一方で木材のエネルギー利用が有利になり、パルプに向けていた小径丸太で燃料用のチップがつくられるようになった。

この場合に、チップのまま販売したのでは儲けが少ない。何人かの森林所有者が有限会社か組合を設立し、彼らの所有林から出るチップを利用して小規模な地域熱供給事業を立ち上げる例が各地で見られるようになった。有名な「木質エネルギー契約」がそれである。この契約の要点は、以下の四点だ。

① 森林所有者のグループが木質燃料による暖房装置と配熱網に投資する。
② このグループは暖房システムの運営、メンテナンス、さらに再投資に責任を持つ。
③ 顧客は接続料金（配管、熱交換器の費用）、基本料金、熱量に応じた従量料金を支払う。
④ 顧客への熱の販売は一五年契約をベースとする。

東北芸術工科大学の三浦秀一氏によると、これは「製材所で使われていた木質ボイラーの技術と、都市部で普及していた地域熱供給の技術を融合」させ、農村部でも実行できるようにした新しいシステムである。こうした施設の建設は、「政府主導というより、草の根的な取り組みと州レベルの支援によって一九八〇年ころから始まった」とされる。(注3)

都市の地域熱供給と言えば、大掛かりな施設を連想するが、農村型のそれは全体に規模が小さく、ボイラーの熱出力では最大でも五〇〇〇kW程度である。とくに「マイクロネッツ」と呼ばれる小型施設では、大きくても三〇〇kW止まりのボイラーで導管延長もせいぜい三〇〇m程度。典型的なのは、役場や学校などの公共施設、集合住宅や事業所を軸にして近隣の建物に熱を提供するケースである。顧客が一つだけの「単独供給」も結構ある。

熱の価格はおおむね灯油や都市ガスによる熱供給のコストによって決められるが、電気とは違って熱のほうは地域差が大きい。都市ガスの入っていない農村部では暖房費が相当に嵩むから、それよりもいくらか低いところで料金の契約をすれば、ある程度の利益は確保されよう。それがマイクロネッツの狙い目になっている。

州の農（林）業会議所によるサポート体制

オーストリアの各州には農（林）業会議所というのがあって、農家や林家が行うエネルギー事業をサポートしている。会議所を構成しているのは、実際に土地を所有して農業や林業を営む人たちであるから、彼らのビジネスをサポートするための多様な活動が展開されている。会議所のサブ組織として、森林所有者で構成される「森林協会」があり、木材の共同販売を主要な業務としてきた。これが一九九〇年代の半ばあたりから、木質エネルギーにかかわる事業を牽引している。

ただ、小規模とはいえ地域熱供給のシステムを設計するとなると、この道の専門家の知恵を借りなければならない。そのため、農（林）業会議所の関連組織として再生可能エネルギーの振興を担う部局もつくられていて、これが森林協会と共同で地域熱供給事業に対するコンサルティングを行っている。普及啓発活動も熱心で、一般向けパンフレットの作成やセミナーの開催などが目につく。普及用のパンフレットやセミナーのテキストを見て驚かされるのは、経験を通して集積された実践的な知識の豊かさである。

それと同時に、総合的なコンサルティングのできる専門家が着実に増えていることも見逃せない。地元の農家や森林所有者が自己資金を投じて地域熱供給の事業を安心して始められるのも、信頼できるコンサルタントの手でつくられた全体計画があるからであり、営業開始後も引き続き彼らの指導が受けられるからである。

日本との違い

わが国の中山間地においても、上述のような仕組みができれば、木質バイオマスによるエネルギー自立が容易になるであろう。果たしてそれは可能であろうか。実現のためには、最低限二つの条件が満たされなければならない。エネルギービジネスで利益を得ようとする森林所有者の強い意欲と、彼らのエネルギー事業をしっかりと支えるサポート体制がそれである。日本とオーストリアの違いを象徴する典型的なエピソードの一つを紹介しよう。

中小の森林所有者の集まりであるシュタイアーマルク州の森林協会に、森林・林業政策の優先順位を問うと、一に林道、二に教育、三に補助金という答えが返ってくる。林道は林業経営にとって最も基本的なインフラであり、木材生産のコストを決定的に左右する要因でもある。連邦や州レベルの森林政策において路網整備が重点項目になるのは当然のことだ。

二つ目に教育が挙げられるのは、木材生産の分野はもとより、木質エネルギーの分野でも新しい技術や新しいシステム思考が次々と現れており、この流れにうまく対応しないと市場競争力を失ってしまうからである。オーストリアでは新規就労者の教育訓練はもとより、古いタイプの作業員の再教育にも力を入れている。

実のところ日本の森林・林業政策では、この路網整備と教育が軽視されてきた。それが国内林業の市場競争力を決定的に低めているのである。木材価格の低迷や賃金の上昇などで間伐の実施が難しくなると、森林所有者（とその団体である森林組合）は、間伐補助金を要求し、政府もそれに応えてきた。一事が万事、日本の林業は補助金漬けになっている。森林所有者も森林組合も、補助金がなければ何もしない。

ところがオーストリアはじめヨーロッパの国々では、保育期を過ぎた人工林の間伐に補助金を出すという発想がない。路網整備や教育を通して、間伐補助金がなくとも成り立つような競争力の強い林業経営の育成を目指している。日本の森林・林業政策もそのような方向に変えていかないと、木質エネルギービジネスにも明るい展望は開かれないと思う。

森づくりに欠かせない長期的視点

最後にもう一つ、日本とドイツ、オーストリアとの重要な違いを指摘しておきたい。ドイツやオーストリアの育成林では、八〇年から一〇〇年の輪伐期で木材を持続的に生産する体制がおおむね整っている。日本にも一〇〇〇万haに及ぶ人工林があるのだが、残念なことに「森林経営」そのものが崩壊していて、木材を安定的に供給できる体制にはなっていない。

第二次世界大戦に敗《ま》けて樺太や満州、台湾などの植民地を失った日本は、木材の完全自給を目指して大規模な植林事業をスタートさせ、比較的短い期間内に全森林面積の四〇％がスギ、ヒノキ、カラマツなどの人工林で覆われることになった。戦後しばらくは木材不足の時代で、三〇年か四〇年生の未熟な人工林材でも結構な値段で売れていたから、誰もが進んで造林したのである。

ところが、早くも一九七〇年代あたりから（予想に反して）海外から天然生の米材や南洋材がどんどん入ってきた。国産材価格の低落と伐出費・造林費の上昇で森林経営の採算性は目に見えて悪化してゆく。慢性化する木材不況の中で森林経営の崩壊が始まった。苦労して造林した人工林は保育の手が加えられないまま放置され、植林木が大きくなって間伐期を迎えていても、林道の整備も補修もないがしろにされる始末である。山の木が大きくなっても、山からの出材量は少しも増えていない。

それでも国内の林業関係者は、人工林蓄積の増大を背景にして「やがて国産材の時代がやってくる」と淡い期待を抱いていた。それに真正面から異を唱えたのが、一九九〇年代前半に筑波大学で教鞭をとっていたピーター・ブランドン氏である。彼の言い分を要約すると、世界の状況がどんどん変わっているのに、日本の林業関係者は旧来のやり方を少しも変えようとしない、これでは国産材の復権などあり得ない、と言うのである。(注4) 今にして思えば、彼の指摘はまったく正しかった。国産材の時代を迎えるのには、それなりの準備が必要だったのである。

ドイツやオーストリアが時代の流れにうまく適応したのは事実だが、ここでとくに注意してほしいのは、一九世紀後半に確立された長伐期林業の原則（伝統）だけはしっかりと守られてきたことである。そのお蔭で八〇年、一〇〇年という長い伐期で回転するストックの大きい豊かな森林が出来上がり、ポスト原生林の世界の木材市場で優位を確立した。目先の利益に目を奪われて右往左往していたら、「百年の計」である森づくりなどできるはずもない。わが国の林業がこれほどまでに低迷しているのは、森づくりの哲学ないしは信念が揺らいで、腰が定まらなかったことにも一因がある。

何を学ぶか

このようなわけで、ドイツやオーストリアと日本との落差は長い歴史の中で生み出されたものである。小手先の対処法でこの差が埋められるとは思えない。先端的な林業機械や木質焚きの燃焼機器を輸入したり、あるいはドイツ、オーストリアで開かれる研修プログラムに参加したりすることも大切なことだが、それだけでは不十分である。研修に参加した誰かが、新しい可能性に目を開かれ、ビジネスを始めようとしても、一人では何もできない。

木質エネルギービジネスの本格的な展開は、たくさんのプレーヤーの共働によって初めて可能になる。元気なプレーヤーを育てるにはどうしたらよいか。まず、何よりも業界を覆う内向き志向を改めることだ。善悪はともかく、経済のグローバル化はもはや避けようがない。フラット化した世界市場の中で、日本の強みを生かしながら競争するにはどうしたらよいか、官も民も発想の原点をここに求めるべきである。

業界の雰囲気がそのように変われば、元気なプレーヤーが必ず出てくる。西川氏の手になる本書を読みながら改めてそう思った。

(熊崎実　筑波大学名誉教授　日本木質ペレット協会会長　日本木質バイオマスエネルギー協会会長)

(注1) C・タットマン(熊崎実訳)『日本人はどのように森をつくってきたのか』築地書館、一九九八年
(注2) ドイツとオーストリアにおける木材産業の近年の動向については、岡裕泰・石崎涼子編著『森林経営をめぐる

組織イノベーション　諸外国の動きと日本』（広報ブレイス、二〇一五年）に収録された堀靖人氏（ドイツ）と久保山裕史氏（オーストリア）の論考が参考になる。
（注3）三浦秀一「木質燃料によるバイオマス地域熱供給システム」、熊崎実・沢辺攻編著『木質資源とことん活用読本』農山漁村文化協会、二〇一三年、一二五〜一三七頁
（注4）P・ブランドン（熊崎実編・訳）『イギリス人が見た日本林業の将来　国産材時代は来るのか』築地書館、一九九六年

7章
図１：http://www.fanpop.com/clubs/leoben-austria/images/27986743/title/leoben-photo
図２、４、５、６、７、８、10：Waldverband Steiermark, Maximilian Handlos u. Martin Gaber
図３："Qualitätsbrennstoffe aus Biomasse" Christian Metschina u. Martin Gaber
図９：www.waldverband-stmk.at

8章
図１：Christian Wirth, Wirthi
図２："STROMKENNZEICHNUNGSBERICHT 2015" E-CONTROL
図３：©Messe Wels
図５："Danke, Wasserkraft!" Verbund AG
図６："Danke, Wasserkraft!" より作成
図７、８：AAE Naturstrom Vertrieb GmbH

9章
図２、３、５："Kurzumtrieb Energieholz vom Acker" Thomas Loibnegger u. Karl Mayer
図４：Foto www.energiehoelzer.at

10章
図１：Axel Marquard
図２："Energiebericht zum O.Ö. Energiekonzept Berichtsjahr 2014" より作成
図３左図、図６：株式会社日比谷アメニス
図３右図、図４、５、７、８：CONA Entwicklungs- u. Handelsges. m.b.H.

11章：
図１～８：Biomasseverband OÖ, A-4021 Linz
図９：©KWB

図版出典

1章
図１～７：株式会社日比谷アメニス

2章
図１、３、７：Rieder Schärdinger Magazin
図４、５：www.wuehrer-holz.at
図６：www.cona.at

3章
図３：Georg Mittenecker
図５、８、10：©KWB
図６、９："Biomasse stoppt Klimawandel" dbv–Verlag, August Raggamより作成
図７：August Raggam

4章
図１、図３–上、図４、５、６、８：KEIDEL Mineral–Thermalbad
図３–中：BECO Beermann GmbH & Co.KG
図３–下：©ARTJOM a brand of BECO Beermann GmbH & Co.KG

5章：
図１、４："Lindner & Sommerauer Hackgut–Heizanlagen"
図２："Energiewende oder Klimakollaps" dbv–Verlag, August Raggam
図３："Lindner & Sommerauer Biomasse–Heizanlagen"

6章
図１、図３～８：TenCate Geosynthetics Austria GmbH
図２：Thomas Schmidt

著者紹介

西川　力（にしかわ・つとむ）

1947年、京都市生まれ。立命館大学卒業。日本生気象学会会員。ドイツ健康運動療法協会会員。
貿易商社に勤務後、1991年にドイツ・バートホンブルクに移住、オーストリア、ドイツ、スイスのバイオマス・再生可能エネルギーや健康保養地クアオルトに関する情報を発信している。環境と健康の分野において数多くの日本企業との提携を手掛ける。自らの健康管理のためにトレーナーとなり、ジャイロトニックを行っている。
訳書：『バイオマスは地球を救う』（アウグスト・ラッガム著、現代人文社、2015年)、『シュツットガルトのグリーンネットワーク』（ハンス・ルーツ著、マルモ出版、1997年)、『気候療法入門』（アンゲラ・シュウ著、パレード、2009年）など。
映画：『腐植土——地球を救う忘れられたチャンス』（エコ地域カリンドルフ）の日本語版。

ヨーロッパ・バイオマス産業リポート

なぜオーストリアは森でエネルギー自給できるのか

2016年2月10日　初版発行

著者　西川　力
発行者　土井二郎
発行所　築地書館株式会社
〒104-0045
東京都中央区築地 7-4-4-201
TEL 03-3542-3731　FAX 03-3541-5799
http://www.tsukiji-shokan.co.jp/
振替00110-5-19057
印刷製本　シナノ出版印刷株式会社
装丁　吉野　愛

 ISBN978-4-8067-1504-7

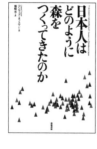

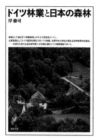

● 築地書館の本 ●

緑のダムの科学

減災・森林・水循環

蔵治光一郎＋保屋野初子【編】
2,800円＋税

緑のダムへの活発な議論から10年が経過した今、森林の機能だけでなく、地域社会や科学のあり方をも視野に入れた緑のダムを考える。
流域圏における緑のダムに関する最新の科学的知見と、各地で行われている実践と政策的課題について、第一線の研究者15名が最新のデータをもとに解説する。

森の健康診断

100円グッズで始める
市民と研究者の愉快な森林調査

蔵治光一郎＋洲崎燈子＋丹羽健司【編】
2,000円＋税　◉2刷

森林と流域圏の再生をめざして、森林ボランティア・市民・研究者の協働で始まった、手づくりの人工林調査。
全国にさきがけて行なわれた愛知県豊田市矢作川流域での先進事例とその成果を詳細に報告・解説した人工林再生のためのガイドブック。

価格・刷数は2016年1月現在のものです